AF627131

Werner Kurtz

DER TAURUS

Baureihe 182 der DB AG & Reihe 1016/1116/1216 der ÖBB

transpress

Einbandgestaltung: Luis dos Santos

Titelbild:
Am 31. März 2009 haben die 1116 095 der ÖBB und ein weiterer »Taurus« am Schluss des Zugs die Aufgabe, den EC 113 nach München zu bringen. Die Aufnahmen entstand bei Stuttgart-Obertürkheim. | *Foto: M. Dostal*

Rückseite:
Mit einem Zug des Kombinierten Ladungsverkehrs fährt die ES 64 U2-019 (182 519) am 20. September 2018 in Würzburg ein. | *Foto: M. Dostal*

Bildnachweis:
Die zur Illustration dieses Buches verwendeten Aufnahmen stammen – wenn nichts anderes vermerkt ist – vom Verfasser.

Eine Haftung des Autors oder des Verlages und seiner Beauftragten für Personen-, Sach- und Vermögensschäden ist ausgeschlossen.

ISBN 978-3-613-71708-4

Copyright © 2024 by transpress Verlag, Postfach 10 37 43, 70032 Stuttgart.
Ein Unternehmen der Paul Pietsch Verlage GmbH & Co. KG

1. Auflage 2024

Sie finden uns im Internet unter **www.transpress.de**

Nachdruck, auch einzelner Teile, ist verboten. Das Urheberrecht und sämtliche weiteren Rechte sind dem Verlag vorbehalten. Übersetzung, Speicherung, Vervielfältigung und Verbreitung einschließlich Übernahme auf elektronische Datenträger wie DVD, CD-ROM usw. sowie Einspeicherung in elektronische Medien wie Internet usw. ist ohne vorherige schriftliche Genehmigung des Verlages unzulässig und strafbar.

Lektor: Hartmut Lange
Innengestaltung und Repro: grafik+design Erlewein
Druck und Bindung: DZS GRAFIK d.o.o, 1210 Ljubljana, Slovenia
Printed in Slovenia

Die 1116 147 zieht den IC 483 von Stuttgart nach Singen, hier auf der Fahrt von Eutingen (Gäu) hinab nach Horb, aufgenommen am 15. Januar 2022. | *Foto: Ch. Kissel*

INHALT

Taurus (lat.:) der Stier

LICHT INS DUNKEL
ORF
STERNEAKTION
ÖBB
1116 126
XLDESIGN + 3M
109
108

Mit den E 112/113 kommen österreichische »Taurus«-Maschinen planmäßig über München und Stuttgart nach Frankfurt (Main). Am 1. August 2018 übernahm die 1116 126 die Bespannung des EC 112. Sie ist mit Werbung für die ORF-Spendenaktion »Licht ins Dunkel« versehen. Am Zugschluss läuft ein roter »Taurus« mit. | *Foto: M. Dostal*

VORWORT

»Taurus« – dieser Name steht für Kraft, Dynamik und Eleganz. Genau dies trifft auch auf die Lokomotiven der Reihen 1016, 1116 und 1216 der Österreichischen Bundesbahnen (ÖBB) zu, die unter diesem Namen bekannt sind.

Die Angertalbrücke auf der Nordrampe der Tauernbahn bei Bad Hofgastein im Gasteinertal bietet außergewöhnliche Motive für Eisenbahnfotografen. Am 21. August 2021 passiert die 1116 077 die Bogenbrücke aus Stahl. | *Foto: R. Beier*

Die ÖBB beschafften ab dem Jahr 2000 die von Siemens gebauten Fahrzeuge in großer Stückzahl, um ihren Lokomotivpark mit einer Universalmaschine neuester Technik zu vereinheitlichen und ältere Maschinen abzulösen, die nur für spezielle Aufgaben geeignet waren. Dazu schrieben die ÖBB die Beschaffung der neuen Loktype aus und übermittelten den an der Ausschreibung teilnehmenden Firmen – darunter auch Siemens – eine Zusammenstellung der Anforderungen, die die Loks für den Einsatz in Österreich zu erfüllen hatten. Bereits 1992 hatte Siemens mit dem »EuroSprinter« (ES 64 P; P = Prototyp) auf eigene Rechnung eine universell einsetzbare Ellok gefertigt. Diese Lok weckte Mitte der 1990er-Jahre das Interesse der Deutschen Bahn und sie ließ aus dem »EuroSprinter« die Güterzuglokomotive der Baureihe 152 (ES 64 F; F = Freight (engl.) für Fracht) entwickeln.

Für die neue ÖBB-Reihe griff Siemens abermals auf den »EuroSprinter« zurück und entwarf eine Universallok mit dem kantigen Design der DB-Baureihe 152. Statt des im Güterverkehr gut geeigneten, aber langsamen Tatzlagerantriebs bekamen die neuen Loks den Hohlwellenantrieb, mit dem sie bis zu 230 km/h schnell fahren konnten.

Die ÖBB waren mit der technischen Lösung einverstanden und Siemens bekam den Zuschlag. Sie ließen aber das kantige Design ändern und gaben den Loks ihr heutiges markantes Aussehen. Wie in der Automobilbranche schon länger üblich, bekamen die Maschinen einen griffigen Produktnamen: Taurus.

Die ersten Exemplare der Reihen 1016 und 1116 waren so erfolgreich, dass die ÖBB insgesamt 382 Maschinen in drei Ausführungen beschafften.

Im Zuge der Öffnung europäischer Schienennetze für neue Eisenbahnverkehrsunternehmen baute Siemens einen eigenen Lokpool auf, in den auch Maschinen der Bauart ES 64 U2, wie der »Taurus« intern bezeichnet wurde, aufgenommen wurden. Diese Loks wurden über Zeiträume unterschiedlicher Länge vermietet, wobei die Kunden die Aufschriften auf den Loks selbst bestimmen und anbringen konnten. Später ging der Siemens-Lokpool an die MRCE Dispolok GmbH – eine europäische Tochtergesellschaft der Mitsui Rail Capital Europe (MRCE) – über, die die Loks weiterhin vermietet.

Noch während der Auslieferung der Baureihe 152 an die Deutsche Bahn AG verweigerten die ÖBB die Zulassung dieser Maschinen auf ihrem Streckennetz. Deshalb reduzierte die DB ihre Bestellung um 25 Exemplare und beschaffte stattdessen 25 Lokomotiven vom Typ ES 64 U2, die sie als Baureihe 182 in ihren Bestand aufnahm. Aus der Einsystem-Reihe 1016 entwickelte Siemens Varianten, die unter bis zu vier verschiedenen Stromsystemen eingesetzt und mit speziellen »Länderpaketen« ausgestattet werden können. Nun beschafften auch zahlreiche Staats- und Privatbahnen im In- und Ausland die Maschinen, so dass die ES 64 U mit rund 600 Exemplaren bis heute eine der erfolgreichsten und am weitest verbreiteten modernen Loktype sind.

Neue Vorschriften zur Sicherheit von Lokführern führten zur Entwicklung einer neuen Spielart des »EuroSprinters«, die als ES 2007 bezeichnet wurde. Die Loks entsprechen technisch noch weitgehend dem »Taurus«, ähneln aber schon sehr dem neuen »Vectron«.

Die Fertigung der ES 64 U endete im Jahr 2011, denn sie wurden von der neuen, ebenfalls von Siemens entwickelten »Vectron«-Plattform abgelöst. An dieser Stelle möchte ich mich bei zahlreichen Eisenbahnfreunden bedanken, die mir ihre Archive öffneten. Sie stellten mir zahlreiche ausgezeichnete Aufnahmen zur Verfügung, sodass die Auswahl schwerfiel. Zu meinem Bedauern fanden nicht alle guten Bilder Platz in diesem Buch, das aber trotzdem alle Facetten dieser vielseitigen Loktype zeigt.

Werner Kurtz

1 VORGESCHICHTE

Ende der 1980er-Jahre hatte der Antrieb mit Wechselstrommotoren in Lokomotiven das Ende seiner Entwicklung erreicht. Eine weitere Verbesserung konnte durch Drehstrommotoren und elektronische Steuerungen erreicht werden.

Die zehn Loks der Reihe 1043 waren die ersten thyristorgesteuerten Elloks der ÖBB. Sie stammten aus der Serienlieferung der Baureihe Rc2 für die Schwedischen Staatsbahnen (SJ). Die Maschinen bewährten sich gut und standen ab 1971 dreißig Jahre in Österreich in Diensten der ÖBB. | *Foto: Slg. C.-J. Jacobson*

1.1 Der Lok-Park der ÖBB Ende der 1980er-Jahre

Ende der 1980er-Jahre entschlossen sich die Österreichischen Bundesbahnen (ÖBB) zur Erneuerung ihres Ellok- Parks. Die in großer Stückzahl ab den 1950er-Jahren gebauten Maschinen der Baureihen 1010/1110, 1041/1141 und 1042/1142 sollten ebenso wie die ab Mitte der 1970erJahre gefertigten Lokomotiven der Reihe 1044/1144 auf lange Sicht ersetzt werden. Bei den Loks der Reihe 1044/1144 handelt es sich um eine Weiterentwicklung der schwedischen Reihe Rc 2, von der zehn Maschinen als Reihe 1043 von den ÖBB übernommen wurden.

Österreich stellt mit seiner Topografie hohe Ansprüche an die dort eingesetzten Lokomotiven. So müssen zum einen schnelle Züge im Flachland, zum anderen aber auch schwere Lasten im Gebirge befördert werden. Um nicht allzu viele Loktypen für diese Aufgaben vorhalten zu müssen, waren die ÖBB immer an einer Universaltype interessiert, die vor nahezu allen Zuggattungen eingesetzt werden kann.

Mit den Loks der Reihe 1042/1142 hatte man die optimale Ausführung konventioneller Lokomotiven mit Wechselstrommotoren erreicht. Deshalb setzten die ÖBB nun auf den Antrieb mit Gleichstrommotoren, die mit Stufenfahrschaltern und Dioden-Gleichrichtern ausgestattet waren. Mit der Beschaffung der Reihe 1043 konnte man sogar noch eine Stufe weiter gehen, denn diese Loks hatten Thyristor-Gleichrichter und eine stufenlose Zugkraftsteuerung.

Die ÖBB übernahmen zwischen Oktober 1971 und Februar 1972 zunächst vier Loks, die bis auf wenige Anpassungen weitgehend den schwedischen Modellen entsprachen. Sie wurden in Villach beheimatet und auf der Tauernrampe eingesetzt. Aufgrund der guten Erfahrungen mit den Maschinen wurden 1973 sechs weitere Loks gekauft. Damit belief sich der Endbestand auf zehn Maschinen.

Die ÖBB waren mit den 1043 und ihrer Technik zufrieden. Deshalb sollten nur noch Maschinen in dieser Ausführung in Dienst gestellt werden.

Man passte die Eckdaten der zu bauenden Loks an die heimischen Gegebenheiten an, wie beispielsweise die geforderte Höchstgeschwindigkeit von 160 km/h, und entwickelte daraus die Reihe 1044/1144.

Die Maschinen der Reihe 1042 sind konventionelle Elloks mit Hochspannungs-Stufenschaltwerk. Später bekamen die Loks eine Wendezug- und eine Vielfachsteuerung, dabei wurden sie in die Reihe 1142 umgezeichnet. 1142 654 hat am 20. Juli 2007 Innsbruck erreicht.
| *Foto: M. Dostal*

Die Reihe 1044 wurde aus der Reihe 1043 weiterentwickelt und war die erste Universalmaschine der ÖBB für den Einsatz im Flachland und auf Gebirgsstrecken vor allen Zuggattungen. Die 1144 262 und eine Schwestermaschine befördern am 27. Juli 2009 einen Güterzug durch die lange Kurve bei Sankt Jodok hinauf zum Brenner. | *Foto: Dr. B. Domagalski*

1.2 Mehrsystem-Loks und Drehstromantrieb

Österreich hatte sich bei der Elektrifizierung seiner Bahnstrecken wie Deutschland für eine Wechselspannung von 15 kV mit einer Frequenz von 16 2/3 Hz entschieden. Die meisten Staatsbahnen der angrenzenden Nachbarländer hatten jedoch eine andere Wahl getroffen. So entschied sich Italien für eine Gleichspannung von 3 kV, und die Bahnen der östlichen und nordöstlichen Staaten fuhren unter einer Wechselspannung von 25 kV mit einer Frequenz von 50 Hz.

Dieser Umstand und die unterschiedlichen Sicherungseinrichtungen machten einen Übergang von Elloks von einer zur anderen Bahnverwaltung unmöglich. Es gab zwar Versuche, Maschinen zu bauen, die unter mehreren Stromsystemen fahren konnten, aber bis in die 1980er-Jahre war die Technik noch nicht so weit fortgeschritten, als dass man befriedigende Ergebnisse hätte erzielen können. Beim Zusammenwachsen Europas und den dadurch zunehmenden Güterströmen über

Die Lokomotiven der Reihe 1014 der ÖBB sind Zweisystem-Maschinen, die unter 15 kV/16,7 Hz und 25 kV/50 Hz Wechselspannung eingesetzt werden können. Sie liefen bevorzugt auf den Verbindungen nach Ungarn. Am 15. September 1998 wartet die 1014 007 in Budapest Keleti auf Ausfahrt. | *Foto: M. Dostal*

Ländergrenzen hinweg machte sich der Umstand, dass an den Grenzbahnhöfen immer die Lokomotiven gewechselt werden mussten, mehr und mehr negativ bemerkbar. Deshalb begannen die ÖBB Ende der 1980er-Jahre wieder mit der Entwicklung einer Mehrsystem-Lokomotive, die in der Bestellung von 18 Lokomotiven der Baureihe 1014/1114 bei der ELIN Aktiengesellschaft für elektrische Industrie in Linz und der Simmering-Graz-Pauker AG (SGP) in Wien mündete. Die ab Ende 1993 in Betrieb genommenen Loks konnten sowohl unter einer Wechselspannung von 15 kV/ 16 2/3 Hz als auch einer von 25 kV/50 Hz eingesetzt werden. Mit ihnen war also ein durchgehender Verkehr in Richtung Osten und speziell mit Ungarn möglich.

Eine wichtige Neuerung stellte der Drehstromantrieb dar, der sich ab den 1980er-Jahren im Lokomotivbau immer weiter etablierte und der heute in nahezu allen Elloks moderner Konstruktion genutzt wird.

Auch für den Wechsel-/Gleichspannungsbetrieb zwischen Österreich und Italien beschafften die ÖBB passende Maschinen. Die Baureihe 1822 ist der 1014/1114 konstruktiv sehr ähnlich, nur etwas anders ausgestattet. Die fünf in Dienst gestellten Loks sollten ursprünglich Schnellzüge zwischen Innsbruck und Verona bespannen, wurden dann aber vor den Korridorzügen zwischen Innsbruck und Lienz durch das italienische Pustertal eingesetzt.

Beiden Baureihen war kein großer Erfolg beschieden, inzwischen wurden sie durch entsprechende Versionen des Taurus ersetzt. 2005 wurden die 1822 002 und die 1822 005 nach Polen verkauft, die anderen drei 1822er stellte man im September 2007 ab. Die Loks der Reihe 1014/1114 sind seit Ende 2009 nicht mehr im Plandienst und die ÖBB versuchten einen Käufer für die Maschinen zu finden. Am 7. November 2016 wurden alle 1014 nach Rumänien gebracht. Nach der Übernahme durch die Zeller Transporttechnik (ZTT) kamen einige von ihnen kurzzeitig wieder in Österreich zum Einsatz.

Auch bei ihren Einsystem-Loks setzten die ÖBB auf die Drehstromtechnik und wandten sich der Entwicklung und Konstruktion einer »Hochleistungsellok« zu. Noch bevor die erste der als Reihe 1012 bezeichneten Maschinen die Fabrikhallen des SGP-Werks verließ, hatten die ÖBB aber kein Interesse mehr an diesen bis zu 230 km/h schnellen Lokomotiven und verweigerte zunächst deren Übernahme. Nach Verhandlungen kam es dann zu einem Liefervertrag über drei Lokomotiven, die 1997 zu den ÖBB kamen. Zwar war man weiterhin an der Erneuerung des Lokparks interessiert, aber inzwischen hatte der Vorstand der ÖBB gewechselt und die neue »Chefetage« hatte sich bereits vor der Lieferung der 1012 für den leistungsfähigeren und preiswerteren Taurus entschieden. So blieben die drei 1012 stets ungeliebte Kinder, welche die ÖBB schließlich 2007 an die schwedische Firma Hector Rail verkaufte, die die Loks seitdem von Hallsberg (Schweden) aus einsetzt.

2 ENTWICKLUNG

Politische und wirtschaftliche Veränderungen führten in den letzten Jahren zu einem Umdenken im Lokomotivbau. Nun wurden »modulare« Lokfamilien angeboten, die nicht nur für die eigene Staatsbahn vorgesehen waren, sondern – ergänzt durch »Länderpakete« – auch für Staatsbahnen im Ausland und für Privatbahnen.

Am 11. August 2012 zieht die ES 64 U02-096 (182 596) einen sehr langen Sonderzug von Stuttgart zur Street Parade 2012 in Zürich. Der Zug passiert gerade den ehemaligen Bahnhof Hattingen an der Vereinigung der badischen und württembergischen Schwarzwaldbahn und fährt in wenigen Metern in den Hattinger Tunnel ein. | *Foto: Ch. Kissel*

2.1 Wandel im Lokbau

In der zweiten Hälfte der 1980er-Jahre zeichneten sich politische Entwicklungen ab, die auch Einflüsse auf die Eisenbahnen in Europa haben würden. Dazu zählte die Einführung einer gemeinsamen Währung und die Öffnung bzw. Erweiterung der Wirtschaftsbeziehungen zwischen den Ländern. In Deutschland kam 1990 noch die Vereinigung beider Staaten und deren Staatsbahnen hinzu. Vor dieser Zeit waren Lokfabriken stark an die Staatsbahnen des eigenen Landes gebunden. Diese Bahnen ermittelten den Bedarf an Lokomotiven und entwickelten – häufig gemeinsam mit Herstellern – Maschinen für diese Aufgaben.

Entwickelten die Bahnen ihre Loks nicht selbst, so erstellten sie ein Pflichtenheft mit den Eckdaten und ließen dieses dann mehreren Herstellern mit der Bitte um Entwürfe zukommen. Danach entschied man sich für einen Vorschlag und die Produktion der Serie begann. Bei dieser Vorgehensweise hatten die Hersteller kaum die Möglichkeit, eigene Konstruktionen und Vorschläge zu erarbeiten und sie potenziellen Kunden vorzulegen.

Ab Mitte der 1980er-Jahre änderte sich diese Arbeitsweise. Seither entwickeln die einzelnen Lokhersteller modulare »Lokomotivfamilien« oder »Plattformen«, bei denen aus wenigen Grundelementen je nach Wunsch der Kunden schnell und kostengünstig zahlreiche Varianten entstehen können. Damit sind die Hersteller bei den Loks weder auf ein Einsatzgebiet (z. B. Schnellzug- oder Güterzugdienst) noch auf einzelne Staaten oder Bahnverwaltungen festgelegt, denn durch den Einbau entsprechender Technik – sogenannter »Länderpakete« – können die Loks schnell an zahlreiche Strom- und Sicherheitssysteme angepasst werden.

Zudem hatten in dieser Zeit zahlreiche Bahnen Bedarf an neuen Lokomotiven, weil die Drehstromtechnik die Serienreife erreicht hatte. Mit ihr konnten Universalloks gebaut werden, die vor nahezu allen Zuggattungen ökonomisch einsetzbar waren. Somit ließ sich die Anzahl der unterschiedlichen Baureihen verringern. Genau eine solche Universalmaschine wünschte sich die Deutsche Bundesbahn Mitte der 1980er-Jahre.

Der »EuroSprinter« ES 64 P ist der Urahn der Baureihe 152 der DB und der »Taurus«-Familie. Mit ihm konnten zahlreiche Erfahrungen mit dem Drehstromantrieb und der GTO-Technik gesammelt werden. Die Aufnahme zeigt den Einzelgänger am 12. Dezember 2008 in München Hbf. | *Foto: M. Dostal*

Die ersten Drehstromloks der Baureihe 120, deren Entwicklung rund zehn Jahre gedauert hatte, bewährten sich bereits im Betrieb und die letzten der 60 Maschinen wurden gerade ausgeliefert, als sich die Bundesbahn entschloss, 500 Exemplare der aus der Baureihe 120 weiter entwickelten Baureihe 121 zu beschaffen und diese in allen Bereichen einzusetzen.

Die Industrie begann mit der Ausarbeitung der Konstruktionszeichnungen für diese Maschine, aber die DB änderte schon bald ihre Pläne und kehrte unter anderem aus Kostengründen von der Idee der Universallok wieder zu Konstruktionen zurück, die auf die unterschiedlichen Einsatzgebiete zugeschnitten waren. Zu den Firmen, die eine Universallok vorlegten, gehörten auch Siemens und Krauss-Maffei, die beide am Bau der Reihe 120[1] beteiligt waren.

2.2 Der »EuroSprinter«

Zur gleichen Zeit überdachte die spanische Staatsbahn »Red Nacional de los Ferrocarriles Españoles« (RENFE) ihr Betriebskonzept. In Spanien fuhren die Züge bisher nur auf einer Spurweite von 1.688 mm und waren somit mit der als »Normalspur« bezeichneten Spurweite von 1.435 mm nicht kompatibel. Deshalb mussten an der spanisch-französischen Grenze alle Züge umgespurt werden. War dies bei den eingesetzten Fahrzeugen nicht möglich, mussten Reisende umsteigen und Güter umgeladen werden. Im Hinblick auf das Zusammenwachsen der Bahnnetze, besonders im internationalen Schnellzugverkehr, war diese Situation sehr hinderlich.

1988 entschieden die Spanier deshalb, neue Hochgeschwindigkeitsstrecken in Normalspur auszuführen.

Als erste ging 1992 die gut 470 km lange Verbindung zwischen Madrid und Sevilla in Betrieb. Für diese Strecken führte die RENFE den Markennamen »AVE« (für »Alta Velocidad Española«) ein. Außer Triebwagen wurden auch neue Lokomotiven für diese Verbindungen benötigt. Die RENFE sah sich international um und wurde beim Hersteller Krauss-Maffei fündig, der mit der verbesserten 120 eine passende Maschine anbieten konnte. Die spanische Staatsbahn und der deutsche Lokomotivfabrik wurden sich handelseinig. Die Lok wurde an die Wünsche der spanischen Bahn angepasst und in 75 Exemplaren geliefert. Dabei wurden 15 Maschinen für die Normalspur und 25 kV/50 Hz gebaut. Die weißen Loks werden ausschließlich auf den AVE-Strecken eingesetzt. Die übrigen in Gelb und Grau lackierten Maschinen fahren auf Breitspur. 15 von ihnen werden mit 25 kV/50 Hz versorgt, die übrigen fahren unter 3 kV-Gleichspannung.

Kurz nach der spanischen RENFE bestellte die portugiesische »Comboios de Portugal, Entidade Pública Empresarial« (CP) 30 ähnliche Loks, die zwischen 1993 und 1995 geliefert wurden. Auch Griechenland beschaffte 30 ähnliche Loks als »Hellas-Sprinters« der Reihe 120.

Der Erfolg dieser Lokomotiven veranlasste Krauss-Maffei, auf eigene Kosten eine Lokomotive zu bauen, die für den Einsatz in Deutschland und Mitteleuropa geeignet war. Die Maschine wurde unter der Fabriknummer 20075 im Jahr 1992 gefertigt und am 24. September desselben Jahres abgenommen. Die Deutsche Bundesbahn zeigte Interesse am silber-pinkfarbenen »EuroSprinter«, mietete ihn zur Erprobung an und bezeichnete ihn als 127 001. Die Maschine wurde sowohl vor hochwertigen Euro- und InterCity-Zügen – so zwischen Stuttgart und München – als auch vor schweren Güterzügen eingesetzt. Außerdem erbrachte sie zahllose Versuchs- und Messfahrten im In- und Ausland. So war der »EuroSprinter« unter anderem in Österreich, der Schweiz und in Norwegen unterwegs.

Die DB interessierte sich zwar für den »EuroSprinter«, aber nicht für die bei der 127 001 ausgeführte Universalform, sondern in Gestalt einer reinen Güterzuglok. So konnte auf eine Ausstattung für schnell fahrende Loks verzichtet und die zum Teil erheblich preisgünstigere Technik für den Güterzugeinsatz eingebaut werden. Es entstand die Baureihe 152, die mit dem herkömmlichen Tatzlagerantrieb an Stelle des beim »EuroSprinter« verwendeten Hohlwellenantriebs ausgestattet ist.

Die Deutsche Bahn AG beschaffte zwischen den Jahren 1996 und 2001 insgesamt 170 Maschinen, die heute vor Güterzügen in ganz Deutschland unterwegs sind. Zwei Exemplare fertigte Siemens auf eigene Kosten und stellte sie in den eigenen Lokpool ein. Später wurden diese an die ITL Eisenbahngesellschaft mbH in Dresden verkauft. Weitere Loks der Baureihe 152 konnten nicht abgesetzt werden.

Die spanische Reihe 262 entstand aus der deutschen Baureihe 120. Aus ihrer Produktion wurde eine Maschine modifiziert und war als 127 001 in Deutschland unterwegs. 15 Lokomotiven wurden für das regelspurige AVE-Netz und 60 für das Breitspurnetz beschafft. Die Aufnahme zeigt die weiße 252-064 am 9. Oktober 2006 in Burgos.
| *Foto: Dr. B. Domagalski*

In Portugal laufen 30 breitspurige Maschinen als Reihe 5600. Auch in Griechenland sind Loks dieses Typs unterwegs. Sie werden im Reisezug- und Güterverkehr genutzt. Am 6. Juni 2012 hat die 5610 mit einem Schnellzug Lissabon erreicht.
| *Foto: Dr. B. Domagalski*

Die Baureihe 152 ist die Güterzugvariante des »EuroSprinters«. Sie kann mit ihrem Tatzlagerantrieb allerdings nur 140 km/h schnell fahren. Weil die Reihe 152 in Österreich keine Zulassung bekam, kürzte die DB AG die bestellte Stückzahl von 200 zu Gunsten des »Taurus« auf 170 Exemplare. (152 150, Böblingen, 22. September 2021)
| *Foto: M. Dostal*

2.3 Der »Taurus«

Mitte der 1990er-Jahre machten sich die Österreichischen Bundesbahnen (ÖBB) Gedanken über die Erneuerung ihres Lokomotivparks. Zu dieser Zeit hatten sie für ihre elektrifizierten Strecken überwiegend Lokomotiven der Reihen 1042 und 1044 im Bestand. Zu diesen über 350 Maschinen, die zwischen Mitte der 1960er-Jahre und Mitte der 1970er-Jahre gebaut wurden, kamen noch ca. 100 Streckenlokomotiven älterer Reihen bzw. Probereihen hinzu, von denen keine in größeren Stückzahlen beschafft worden waren.

Diese Streckenlokomotiven wollten die ÖBB auf lange Sicht durch eine Universalbaureihe ablösen, die sowohl alle Zugarten auf schnellen Flachlandstrecken als auch auf steilen Gebirgsstrecken befördern sollte. Außerdem sollten die Loks im Hinblick auf die Öffnung der Märkte in Europa auch auf den Strecken unterschiedlicher Länder eingesetzt werden und beim Bremsen Energie in die Oberleitung zurückspeisen können.

Um die Eckdaten für eine solche Lokomotive zu erarbeiten, riefen die ÖBB 1996 eine eigene Arbeitsgruppe ins Leben. Nachdem die Kriterien – u. a. eine Höchstgeschwindigkeit von 230 km/h, eine Dauerleistung von 6.400 kW, eine Anfahrzugkraft von 300 kN und eine Radsatzlast von 21,5 t – für die neuen Maschinen festgelegt worden waren, wurde der Entwicklungsauftrag für die Fahrzeuge nach den Vorgaben der Europäischen Union international ausgeschrieben.

Bereits im Frühjahr 1997 lagen die Angebote mehrerer Hersteller vor und wurden vom Ausschuss geprüft. Nach den Beratungen blieben nur noch wenige Bewerber in der engeren Auswahl, darunter auch Siemens, Adtranz und Alstom. Weitere Diskussionen führten schließlich im Juli 1997 zu der Entscheidung, Siemens den Auftrag zu erteilen.

Zunächst wurde über einen Auftrag von 50 Einsystem-Loks und 25 Mehrsystem-Loks verhandelt. Weil die ÖBB aber auf lange Sicht den größten Teil ihres Bestands an Streckenlokomotiven erneuern wollte, erteilte man eine Option über 325 weitere Maschinen.

Siemens hatte aus dem »EuroSprinter« die Baureihe 152 für die Deutsche Bahn AG entwickelt und lieferte die Güterzug-Maschinen seit 1997 aus. Was lag also näher, als die österreichische Lok auf Basis der Baureihe 152 zu entwickeln. Dazu musste in erster Linie der Antrieb an die geforderte höhere Endgeschwindigkeit der Loks angepasst werden. Weshalb der robuste Tatzlagerantrieb gegen den aufwendigeren und teureren Gummigelenk-Hohlwellenantrieb ausgetauscht wurde.

Besonderen Wert legten die ÖBB auf die äußere Gestaltung der Lok. Siemens hatte zunächst einen Entwurf vorgelegt, der sich im Frontbereich stark an die deutsche 152 anlehnte. Allein der kurze Lokkasten mit jeweils nur einer Tür in den Seitenwänden wurde schon berücksichtigt. Die kürzere Länge war notwendig, um die Schiebebühne im Werk Linz befahren zu können. Die ÖBB lehnten diesen Vorschlag aber ab, denn sie wollten eine markante, dynamische Maschine haben, die sie als zukunftsträchtiges Unternehmen ausweisen sollte. Deshalb nahm sich der ÖBB-Generaldirektor Dr. Helmut Draxler persönlich des Designs der Loks an. Er beauftragte hierfür das Münchener Designbüro Haslacher, das mehrere Entwürfe lieferte. Mit dem schließlich realisierten Entwurf entschieden sich die ÖBB für ein elegantes, dynamisches, aber auch kraftvolles Aussehen. Durch das rundliche Design unterscheiden sich die Loks markant von den eckigen Entwürfen der anderen »Neubau«-Elloks.

Aber nicht nur das Aussehen sollte zum Markenzeichen der neuen Baureihe werden. Wie schon seit

Der Stier

Der Begriff »Taurus« ist lateinisch und bedeutet »Stier«. Durch diesen Namen sollen die Kraft und die Dynamik der Lokomotiven hervorgehoben werden. Aber auch andere Hersteller haben den Begriff Taurus verwendet, so gibt es ein Modell des Autoherstellers Ford, das so heißt. Eine US-amerikanische Raumfahrtrakete und eine militärische Luft-Boden-Rakete sind ebenfalls unter diesem Namen bekannt, außerdem ein italienischer Traktor und ein Segelflugzeug. In der Schifffahrt ist »Taurus« ebenfalls sehr geläufig. So gab es zahlreiche Schiffe mit diesem Namen. Außerdem existieren in der Türkei und auf dem Mond jeweils ein »Taurus«-Gebirge. Nicht zuletzt findet man am Nachthimmel eine Sternenkonstellation, die als Stier oder Taurus bekannt ist.

Die Loks der belgischen Reihe 18/19 werden als ES 2007 bezeichnet und sind die direkten Nachfolger des »Taurus«. Die Loks gehören ebenfalls zur »EuroSprinter«-Plattform, die 2010 durch den »Vectron« endgültig abgelöst wurde. | *Foto: M. Dostal*

langem in der Automobilindustrie üblich, begann man auch Schienenfahrzeuge mit prägnanten »Namen« zu versehen, um sie bekannter zu machen. Bei dieser Suche stieß man auf den Namen »Taurus«. Er steht für Kraft und Dynamik und passt deshalb sehr gut zu dieser Lok. Offiziell wurden die Loks als Reihe 1016 in den Maschinenpark der ÖBB eingereiht.

Später entwickelte Siemens aus dem »EuroSprinter« und dem »Taurus« die Fahrzeug-Plattform »ES 64 Ux« (ES = EuroSprinter, 64 = 6.400 kW Leistung), wobei das »U« für Universallok und die »x« für die Anzahl der Stromsysteme steht, unter denen die jeweilige Lok eingesetzt werden kann.

Bei den ÖBB kamen nach der Reihe 1016 noch die Zweisystemloks der Reihe 1116 (ES 64 U2) und die Viersystem-Loks der Reihe 1216 (ES 64 U4) hinzu. Streng genommen heißen also nur die ÖBB-Loks »Taurus«. Inzwischen hat sich dieser Name aber bei den Freunden dieser Maschinen für alle Loks aus der Siemens ES 64 Ux-Familie eingebürgert.

3 BESCHAFFUNG

Die ÖBB beschafften den »Taurus« zunächst in den drei Baureihen 1016, 1116 und 1216, denen später bei anderen Bahnen zahlreiche länderspezifische Ausführungen folgten.

1116 246 gehört zur dritten Lieferserie dieser Reihe. Sie wies mit einer Beklebung auf das 50. Jubiläum des österreichischen Bundesheers hin. Im Oktober 2005 wird sie per Kran auf einen Straßen-Schwertransporter verladen.
| *Foto: ÖBB*

Eine Referenzstrecke für Störstrommessungen von Triebfahrzeugen befindet sich zwischen Straubing und Plattling. Am 27. Juli 2010 waren dort gleich zwei Fahrzeuge in Sachen Störstrommessungen unterwegs: Die 183 701 Siemens/PRESS und der 610 711 »Cisalpino« von Alstom, hier beide im Bahnhof Straubing. | *Foto: U. Miethe*

Siemens baute einige Lokomotiven als Vorrat auf eigene Kosten. Diese weiß lackierten Maschinen wurden dann im Lauf der Zeit verkauft oder vermietet. Die 183 713, ein weiterer »Taurus« und zwei »Vectron« sind am 24. März 2021 bei Cossebaude unterwegs. | *Foto: Dr. Ch. Schröfl*

Mit einem Güterzug in Richtung München fährt die 1116 116 am 26. Juni 2012 durch den Bahnhof von Aßling. | *Foto: M. Dostal*

Wegen Verzögerungen bei der Streckenzulassung in Tschechien und der Slowakei wurden 1216 227 bis 231 im April 2007 in die Variante B für den Einsatz in Slowenien umgebaut und in 1216 127 bis 131 umgezeichnet. Nachdem die Zulassung erreicht worden war, bauten die ÖBB die Loks wieder in die Ursprungsversion um und gaben ihnen die Nummern 1216 227 bis 231 zurück. In Form von 1216 142 bis 150 gelangte im Jahr 2007 die Variante »ES 64 U4-B« in den Bestand der ÖBB.

Damit war die Beschaffung der Baureihe 1216 bei den ÖBB abgeschlossen. Die Nummerierung ergibt sich, weil die ÖBB fortlaufende Einer- und Zehnerstellen in der Ordnungsnummer vergaben. Die Hunderterstelle aber kennzeichnet den Untertyp: Typ A – 1216 0xx, Typ B – 1216 1xx und Typ C – 1216 2xx.

Um dieses Schema einhalten zu können, mussten die 1216 002, eine Lok der Unterbauart C, und die 1216 003, eine Lok vom Untertyp B, umgezeichnet werden. Die 1216 002 bekam die Nummer 1216 226 und die 1216 003 wurde die 1216 141. Die Nummern 1216 002 und 003 wurden durch neue Loks vom Untertyp A in Zweitbesetzung wieder belegt.

Eine Sonderstellung nehmen die vier im Jahr 2007 von der Vogtlandbahn GmbH (VBG) gekauften 183 001 bis 004 und die aus dem Jahr 2008 stammende 183 005 ein. Die für die zwischen München und Regensburg eingesetzten »Alex«-Züge beschafften Maschinen gehören zwar zum Typ ES 64 U4, sind aber nur für den Einsystem-Einsatz in Deutschland ausgerüstet (Untertyp ES 64 U4-G). Trotzdem tragen sie die für die Viersystem-Maschinen in Deutschland vorgesehene Baureihenbezeichnung 183.

Als weitere Staatsbahn beschafften die polnischen Staatsbahnen Polskie Koleje Panstwowe (PKP) zehn Maschinen der Viersystem-Ausführung. Die ersten Maschinen wurden Ende 2008 geliefert, blieben aber zunächst als 183 601 bis 183 606 im Besitz von Siemens.

Zu den zahlreichen Werbeloks gehörte auch die 1016 048, die für die Feuerwehr und den Katastrophenschutz warb. Als Schlusslok schiebt sie am 8. April 2017 den EC 112 bei Beimerstetten auf der Schwäbischen Alb in Richtung Stuttgart. | *Foto: Th. Estler*

Erst die siebte Lok wurde direkt an die PKP geliefert und als 370 007 eingereiht. Als letzte wurde 370 010 im Juni 2012 von den PKP in Betrieb genommen. Bereits Mitte 2010 kauften die PKP die ersten sechs Loks von Siemens und reihten sie als 370 001 bis 370 006 in ihren Bestand ein, so dass ihnen damit insgesamt zehn Loks zur Verfügung stehen. Die Maschinen werden bevorzugt vor den EuroCity- Zügen zwischen Warschau und Berlin eingesetzt.

Neben den hier aufgeführten Bahnen beschafften ab 2008 noch zahlreiche weitere Bahnen Loks vom Typ ES 64 U4 in zahlreichen Untertypen. Diese Fahrzeuge werden im Kapitel 4 über die Einsätze bei den einzelnen Bahnen ausführlich vorgestellt. 2012 endete schließlich die Fertigung der ES 64-Plattform bei Siemens, denn bereits seit 2010 bietet Siemens unter dem Namen »Vectron« eine Folge-Plattform an, in der die neueste Lokomotivtechnik verbaut ist.

Die Lieferserien

Serie	Nummern	Stückzahl	Anmerkung
Prototypen	1016 001 – 003	3	
1. Serie	1016 004 – 050	47	
Prototyp	1116 001	1	
1. Serie	1116 002 – 025	24	
2. Serie	1116 026 – 125	100	
3. Serie	1116 126 – 250	125	
4. Serie	1116 251 – 282	32	
Prototypen	1216 001 (Typ A)	1	
	1216 002 (Typ C)	1	U in 1216 226
	1216 003 (Typ B)	1	U in 1216 141
1. Bauserie	1216 002 – 025, 050 (Typ A)	25	
	1216 142 – 149 (Typ B)	8	
	1216 227 – 240 (Typ C)	14	

4 EINSÄTZE

Außer in Österreich sind die »Taurus«-Maschinen in vielen europäischen Ländern bei Staats- und privaten Bahngesellschaften grenzüberschreitend im Reisezug- und Güterzugdienst anzutreffen. Ebenso werden sie für bahninterne Zwecke genutzt.

Am 14. September 2021 bildet Gries im Pinzgau die Kulisse für einen EuroCity der mit der 1116 050 bespannt ist. Die direkte Führung der Strecke an der Salzach ermöglicht die schöne Spiegelung. | *Foto: R. Meier*

1016 017 und ein zweiter »Taurus« sind am 3. Februar 2006 mit ihrem kurzen Güterzug in Reutte in Tirol angekommen. Die wenigen Wagen waren sicher keine Herausforderung für die beiden Stiere. | *Foto: V. Emersleben*

4.1 Österreichische Bundesbahnen (ÖBB)

4.1.1 Die ersten Laufpläne

Nach ihrer Abnahme, die – wie bereits im 3. Kapitel berichtet – im Januar 2000 begann, wurden die neuen Maschinen der Reihe 1016 zunächst in Wien West beheimatet. Von dort aus gingen sie sowohl in den Versuchs- als auch in den Planeinsatz, wobei sie zunächst fallweise in den Laufplänen anderer Reihen eingesetzt wurden, denn einen eigenen Laufplan gab es noch nicht. Im Mai 2000 begann der planmäßige Einsatz auf der Verbindung zwischen Wien und Salzburg, kurz darauf wurden auch andere österreichische Strecken befahren. Zur gleichen Zeit gab es Personalschulungsfahrten auf den »Taurus« in Deutschland. Zu diesem Zweck bespannte 1016 003 das InterRegio-Zugpaar 2194/2195 zwischen Salzburg und München. Die planmäßig für diesen Zug vorgesehene 120 blieb dabei als »Angstlok« mit am Zug.

Ende Mai 2000 kam mit 1116 001 erstmals ein »Taurus« nach Rumänien. Denn in Arad fand eine Tagung zum Thema »Modernisierung und Verbesserung des Transitkorridors IV Wien – Budapest – Bukarest« statt, zu dem der österreichische Vertreter Herr Dr. Meelich und weitere Teilnehmer der Tagung mit dem Zug anreisten.

Ende Juni wurde mit 1016 050 die letzte Lok dieser Reihe an die ÖBB übergeben. Auch sie wurde, wie alle anderen Maschinen, in Wien West beheimatet. Der gleichzeitige Wechsel der 1016 001 bis 005 nach Salzburg bildete den Auftakt der

2006 erinnerte die 1116 250 an den 1756 geborenen berühmten österreichischen Komponisten Wolfgang Amadeus Mozart. Am 18. Oktober 2006 verlässt sich mit einem doppelstöckigen »CityShuttle« Wien West. | *Foto: R. Beier*

Die rote 1116 068 und die für Schweden werbende Fußballlok 1116 029 sind am 29. September 2008 mit einem EuroCity bei Terfens im Inntal unterwegs. | *Foto: M. Treutler*

Am 8. Mai 2008 begegnen sich die österreichische 1116 134 mit einem Regionalzug und ihre deutsches Pendant ES 64 U2-060 (182 560) mit einem Güterzug in Passau. | *Foto: V. Emersleben*

Recht farbenfroh war die 1116 153 für den Österreichischen Automobil-, Motorrad- und Touring Club (ÖAMTC) unterwegs. Am 10. April 2015 fährt sich mit dem EC 113 nach München durch Stuttgart-Untertürkheim. | *Foto: M. Dostal*

Beheimatung dieser Reihe dort. Der Sommerfahrplan 2000 sah für die Loks der Reihen 1016 und 1116 einen zehntägigen Umlauf vor, in dem zahlreiche Reise- und Güterzüge bespannt wurden. Die dafür vorgesehen neun 1016er und eine 1116 kamen dabei u. a. ins ungarische Hegyeshalom, nach München und nach Buchs in der Schweiz.

Im Sommer 2000 gab es Probleme beim Einsatz der Reihe 1016 in Deutschland. 1016 008 war auf der Strecke Rosenheim – Salzburg unterwegs, auf der sich auch Bahnübergänge befanden, deren Sicherungsanlagen automatisch durch den Zug ein- und ausgeschaltet wurden. Diese Automatik versagte bei der 1016 und der Bahnübergang wurde nicht geschlossen. Daraufhin durften die ÖBB-»Taurus« bis zur Klärung des Vorfalls nicht auf DB-Gleisen eingesetzt werden. Nachdem der Mangel behoben worden war, wurde ab Anfang September des Jahres 2000 die Fahrt auf den deutschen Gleisen wieder freigegeben.

Wegen einer fehlenden Türblockierungseinrichtung TB0 durften die Loks zunächst nicht vor Nahverkehrszügen der DB genutzt werden. Diese konnte bis Juli 2001 in Betrieb genommen und die Lok nun auch vor Nahverkehrszügen in Deutschland genutzt werden.

Ein weiteres Problem trat bei den aus GFK gefertigten Frontteilen auf. Bei der Lieferserie eines Herstellers griff der Lack den Kunststoff an und ließ diesen verspröden. Deshalb mussten die Hauben ausgetauscht werden. Weil die Hauben dieses Herstellers aber zeitgleich mit Hauben anderer Hersteller, bei denen dieses Problem nicht auftrat, eingebaut wurden, mussten die Loks mit den defekten Hauben erst mühevoll gesucht werden.

Zum Winterfahrplan 2000/2001 wurde der Umlauf der Taurus stark erweitert. Der 18-tägige Plan umfasste nun auch Leistungen, die zuvor von der Reihe 1010/1110 erbracht worden waren. Vorher waren die 1016 nur anstelle einer 1044 eingesetzt

Einen schweren Zug aus vierachsigen Selbstentladewagen haben die 1116 228 und 1116 099 am 7. August 2009 bei Wampersdorf am Haken. | *Foto: R. Beier*

Zeitweise hatte die ITL Eisenbahngesellschaft mbH mit Sitz in Pirna Lokomotiven von den ÖBB angemietet. Dazu gehörte auch die 1116 236, die mit entsprechenden Beklebungen am 18. September 2009 durch Hosena fährt. | *Foto: S. Bürgel*

1116 260 wirbt für den internationalen Lokführerschein. Am 14. Juli 2009 war Wörgl eine Station des von ihr geführten EC 87 nach Venedig. | *Foto: Dr. B. Domagalski*

worden. Vor dem SG 41660 waren die Loks auch erstmals in Doppeltraktion unterwegs.

Die neuen Loks waren auch bevorzugt vor den Zügen der »Rollenden Landstraße« zwischen Innsbruck und Villach sowie zwischen Wörgl und Brenner sowie auf der Tauernstrecke anzutreffen. Als hochwertige Leistungen waren der EC 116 und der D 262/263 »Orient-Express« zwischen Wien Westbahnhof und Stuttgart im Umlauf enthalten. Zuvor wurden einige andere Reisezüge zur Personalschulung zwischen München und Stuttgart mit 1016 bespannt. Auch hier blieb die planmäßige Maschine mit am Zug. Im November 2000 war 1116 001 abermals auf »Promotion«-Fahrt, dieses Mal kam die Maschine in die Slowakei. Die Lok fuhr als Lokzug nach Bratislava-Petržalka und bespannte von dort einen Sonderzug nach Bratislava Hauptbahnhof. Von dort aus ging es auf die Strecke Bratislava – Budapest und danach wieder zurück zu den ÖBB. Mit der Lieferung der Reihe 1116 konnten ab Herbst

City Airport Trains (CAT)

Seit Dezember 2003 gibt es mit den City Airport Trains (CAT) eine direkte Verbindung vom Bahnhof Wien Mitte zum Flughafen Wien-Schwechat. Die Züge fahren im Halbstundentakt und werden aus Doppelstock-Wendezügen gebildet. Sie heben sich durch ihre grau-weiß-grüne Lackierung von den regulären ÖBB-Zügen ab.

Zunächst wurden die Züge mit Loks der Reihe 1014 bespannt. Weil es mit diesen Maschinen aber immer wieder Probleme gab, verwendete man ab Dezember 2005 Loks der Reihe 1116. Dazu wurden zunächst 1116 141 und 142 passend umgebaut und bekamen die »CAT«-Lackierung; die drei adaptierten 1014 schieden aus dem »CAT«-Dienst aus.

2010 bekamen die CAT-Taurus bei einer Hauptuntersuchung einen Anstrich in neuem Design. Die Grundfarben Grün und Grau blieben dabei aber erhalten.

Zunächst war geplant, das »CAT«-Angebot nach Bratislava und Budapest zu erweitern, deshalb nutzen die ÖBB Zweisystem-Loks der Reihe 1116. Weil diese Erweiterung aber nicht zustande kam, schieden die beiden Zweisystem-Loks 2012 aus dem CAT-Dienst aus und wurden durch die Einsystem-Maschinen 1016 014 und 036 ersetzt. Die Zweisystem-Loks können nun wieder für Einsätze im 25 kV/50 Hz-Netz genutzt werden. Im Juni 2018 kam als dritte Maschine die 1016 016 zum »CAT«-Park.

1116 141	Farbvariante 1	12.2005 – 08.2010
1116 141	Farbvariante 2	09.2010 – 09.2013
1116 142	Farbvariante 1	12.2005 – 11.2010
1116 142	Farbvariante 2	12.2010 – 04.2014
1016 014	Farbvariante 2	11.2012 – …
1016 016	Farbvariante 2	06.2018 – …
1016 036	Farbvariante 2	12.2012 – …

In der neuen »CAT«-Farbgebung fährt die 1016 014 am 20. November 2015 in der unterirdischen Station Flughafen Wien/Vienna ein. | *Foto: Th. Estler*

Auf diesem Foto ist die alte Lackierung de »CAT«-Züge mit mehr weißen Flächen und hellerem Grün zu sehen. (1116 142, Mannswörth, 9. September 2010) | *Foto: R. Beier*

Bei Schladming sind diese beiden »Taurus« am 3. August 2010 mit ihrem aus neun Wagen bestehenden EC unterwegs. | *Foto: Th. Estler*

Einige »Taurus« standen bei Rail Cargo Hungaria in Dienst und bekamen dafür eine besondere Beklebung. Sie blieb nach dem Ende dieser Einsätze noch eine Zeit lang an den Loks. So ist 1116 045 am 13. Juli 2010 mit einem »CityShuttle« in Bad Vöslau unterwegs. | *Foto: R. Beier*

2001 die Loks der Reihe 1014 im Güterverkehr nach Breclav in der Tschechischen Republik abgelöst werden. Im zwölftägigen Umlauf waren aber auch Reisezugleistungen enthalten. Bereits Ende Januar des Jahres 2002 wurde der Umlaufplan auf 16 Tage ausgeweitet und im März waren die Maschinen von Wien West in 32 Plantagen und von Salzburg 13 Plantage unterwegs.

4.1.2 Der erste Dreisystem-Taurus

Am 31. Mai 2005 wurde in München-Allach mit der 1216 001 die erste Dreisystem-Maschine aus der »Taurus«-Reihe an die ÖBB übergeben. Zuvor wurde sie nach Tschechien auf die Teststrecke bei Velim überführt, wo zusammen mit der 1216 002 Messfahrten durchgeführt wurden. Anfang Juli ging es nach Italien, wo ebenfalls Testfahrten anstanden, und im August unternahm die Lok schließlich Probefahrten in Innsbruck.

1216 002 kam Anfang Juni zu Probefahrten nach Slowenien, danach ging es in die Slowakei, und im August wurde die Lok im Prüfcenter Wegberg-Wildenrath durchgecheckt. 1216 003 wurde am 2. Mai gleich nach Österreich überführt. Die ÖBB begannen sogleich mit Messfahrten, unter anderem auch auf der Südbahn und der Semmering-Strecke. Dabei wurden erste Planzüge bespannt, allerdings blieb die planmäßige Maschine als »Angstlok« am Zug. Ende Juni ging es – nach entsprechenden Umbauten – in die Schweiz, wo die Lok auf der Gotthard-Südrampe und der Neubaustrecke zwischen Mattstetten und Rothrist unterwegs war. Danach kehrte die Lok am 8. Juli wieder nach Österreich zurück. Ende Juli war die Lok auf der Schnellfahrstrecke der DB zwischen Würzburg und Hannover anzutreffen.

Im Februar 2006 war die 1216 141, die ehemalige 1216 003, zu Messfahrten in ganz Österreich unterwegs. Dabei wurden Störstrommessungen gemacht und die Lok im Vorspanndienst eingesetzt, dazu kamen die 541 101 der SZ und die 1047 007 der MÁV nach Österreich. Nach dem Ende der Untersuchungen ging die 1047 007 wieder nach Ungarn zurück. Die 541 101 fuhr zu weiteren Untersuchungen nach Deutschland. Danach wurde für die 1216 141 ein erster Probeumlauf erstellt: Innsbruck 5:00 – R 5301 – 5:48 Ötztal 6:45 – R 5106 – 8:52 Kufstein 10:39 – 49833 – 12:11 Brenner 12:40 – 88524 – 13:20 Innsbruck 16:44 – 5221 – 17:24 Brenner 17:31 – R 5226 – 18:10 Innsbruck 19:45 – 74493 – 19:59 Hall in Tirol 20:34 – 88382 – 20:41 Innsbruck.

Die 1216 012 der ÖBB befördert am 24. März 2010 einen Zug des Kombinierten Verkehrs von Wörgl nach Innsbruck, hier bei der Durchfahrt durch den Bahnhof Brixlegg.
| *Foto: U. Miethe*

Die österreichische 1216 237 und die tschechische 371 201, die ehemalige 180 001 der DB AG, bespannen gemeinsam den EC 173, der am 10. August 2022 bei Krippen vorbeirollt.
| *Foto: S. Bürgel*

Die 1116 020 von RailCargo Hungaria fährt am 2. August 2011 mit dem EC 111 von München nach Klagenfurt bei Teisendorf in Richtung österreichische Grenze und zum nächsten Halt, dem Salzburger Hauptbahnhof.
| *Foto: U. Miethe*

Auch die Aufführung des Musicals »Cats« in Wien wurde mit einer Werbelok bedacht. Die 1116 153 bekam entsprechende Folien. Am 5. November 2011 rollt sie mit einem Güterzug bei Postbauer-Heng durch die Oberpfalz. | *Foto: Th. Estler*

4.1.3 Ablieferung des letzten Zweisystem-Taurus

Am 8. März 2006 endete mit der Ablieferung von 1116 282 die Beschaffung dieser Reihe durch die ÖBB. Die 1116 sind die zahlenmäßig stärkste Reihe im Bestand der ÖBB. Die restlichen 68 der 350 bestellten Maschinen wurden dann als Reihe 1216 ausgeführt.

Zur Fußball-Weltmeisterschaft 2006 in Deutschland mietete DB Fernverkehr 15 »Taurus«-Maschinen von den ÖBB an, um den erhöhten Lokbedarf durch zahlreiche Sonderzüge decken zu können.

Im Sommer 2006 begann der Planeinsatz der Reihe 1216. Die Loks hatten einen dreitägigen

Obwohl die 1116 168 für die Rail Cargo Group der ÖBB wirbt, steht sie am 9. März 2016 mit dem EC 112 nach Frankfurt (Main) abfahrbereit in München Hauptbahnhof. | *Foto: M. Dostal*

Eine 1016 der ÖBB fährt am 12. August 2011 mit einem Kesselwagenzug von Rosenheim nach München, hier in wunderschöner oberbayerischer Landschaft am Bahnübergang Vogl.| *Foto: U. Miethe*

Die 1216 017 führt den EC 88 von Milano Porta nach München. Die Aufnahme entstand am 8. März 2011 bei München-Nockherberg. | *Foto: U. Miethe*

Am 19. Juni 2013 treffen die 116 031 (links) und die 1016 057 (Mitte) in Spielfeld-Straß auf die von Alstom gelieferte 363 035 der Slovenske železnice SŽ (rechts). | *Foto: V. Emersleben*

Plan, der ausschließlich die Bespannung von Zügen der »Rollenden Landstraße« zwischen Wörgl und Brennersee vorsah. Außerplanmäßig waren die Loks auch vor Reisezügen nach Kufstein, Schwarzach St.-Veit oder Saalfelden anzutreffen. Dafür standen die Loks 1216 001 bis 008, 141 und 226 zur Verfügung, sofern die Loks nicht zu Mess- oder Vorführfahrten benötigt wurden.

Zwischen dem 9. und 13. Oktober 2006 weilte der ÖBB-Taurus 1116 123 im Schwarzwald. Dort wurden auf der Höllentalbahn Messfahrten durchgeführt, um die Steilstreckentauglichkeit der Lok zu untersuchen. Zunächst fuhr die Lok allein über die Strecke, danach nahm sie einen DB-Doppelstock-Steuerwagen mit. Als Letztes wurde eine komplette Doppelstock-Wendezuggarnitur mit drei Wagen befördert. Bei den Fahrten gab es keine Beanstandungen und die Loks erhielten die Steilstreckenzulassung.

Am 6. Februar 2007 fuhr 1116 017 in Ungarn auf einen Güterzug auf und wurde dabei so stark beschädigt, dass sie nicht wieder aufgebaut wurde. 2009 beschafften die ÖBB unter der Fabriknummer 21629 eine 1116, die die Ordnungsnummer 017 in Zweitbesetzung bekam.

Die ITL Eisenbahn GmbH nahm im Frühjahr 2007 mit 1116 233 bis 238 sechs österreichische »Taurus«-Maschinen leihweise in ihren Bestand auf. Die Loks wurden von der tschechischen Spedition CSKD Intrans a. s. angemietet und an ITL weitergereicht. Die Maschinen behielten den roten ÖBB-Anstrich und die Loknummern. Lediglich Aufkleber an den Stirn- und Seitenwänden wiesen auf den Einsatz bei ITL hin. Am 31. Dezember 2009 endete der Einsatz der 1116 bei ITL und die Loks wurden wieder zurückgegeben.

Am 18. Juni 2007 fuhr die an ITL vermietete 1116 235 mit ihrem Güterzug auf die 145 020 von Railion auf, auch sie hatte einen Güterzug am Haken. Die beschädigte 1116 wurde am 21. Juli

Die 1116 248 überquert am 27. Januar 2012 mit einem EuroCity im Verlauf der Semmeringbahn bei Breitenstein den Viadukt über die Krauselklause. | *Foto: R. Beier*

zur Reparatur gebracht. Im September 2007 kam deshalb in Form von 1116 239 Ersatz für die verunglückte 1116 235. Die 1116 von ITL wurden unter anderem vor KLV-Zügen zwischen Bad Schandau, Hamburg, Rotterdam und Emmerich eingesetzt. Die Loks der Reihe 1216 hatten im Sommerfahrplan 2007 in Innsbruck einen achttägigen Umlaufplan, der für die Maschinen auch die Bespannung der Korridorleistungen zwischen Brenner und Fortezza (Franzensfeste) nach Lienz durch das italienische Pustertal vorsah. Allerdings bekamen die Loks zunächst keine Zulassung von den italienischen Behörden und die Züge mussten mit Loks der Reihe 1822 oder Mietloks vom Typ ES 64 F4 (Baureihe 189) bespannt werden. Erst im Juni 2007 übernahmen die 1216 die Leistungen. Im Juli 2007 begann die Bespannung der »Rollenden Landstraße« zwischen Salzburg und Triest.

Am 26. April 2008 wurden alle »Fußball«-Lokomotiven in Wien-Penzing zu einer Lok-Parade aufgestellt. | *Foto: Slg. C.-J. Jacobson*

Mit einer Garnitur graugrüner italienischer Schnellzugwagen zeigt sich die farbenfrohe 1116 041 »Niederlande« am 20. April 2008 auf dieser Aufnahme.| *Foto: Dr. Ch. Schröfl*

Mit ihrem gestreiften Design recht auffällig war die 1116 007 »Griechenland«, hier am 20. April 2009 am Heimeranplatz in München. | *Foto: Dr. Ch. Schröfl*

Den EC 113 zieht die 1016 025 »Portugal« am 14. April 2009 durch Stuttgart-Feuerbach in Richtung Süden. | *Foto: M. Dostal*

Die Fußballlok 1116 036 »Deutschland« ist am 10 Oktober 2008 mit einem Güterzug bei Aßling unterwegs. | *Foto: Dr. Ch. Schröfl*

Im elftägigen Plan von Villach wurden außer Reisezügen nach München auch Reisezüge nach Tarvisio, Ljubljana und Dobova gefahren. Zum Winterfahrplan 2007/2008 wurden die Laufpläne der 1216 erweitert und die Loks kamen nun auch bis nach Brno (Brünn) in der Tschechischen Republik.

Neben Innsbruck und Villach begann zum Winterfahrplan 2007/2008 auch der Einsatz der Reihe 1216 von Wien aus. Fünf Loks waren vor Reisezügen eingesetzt. Vier Loks kamen im Plan 1 in die Tschechische Republik. Der Laufplan 2 brachte eine Lok durch ganz Österreich.

Die beiden Wagen der GySEV sind für 1116 087 »Polen «am 2. Mai 2008 bei Hennersdorf sicher keine große Anhängelast. | *Foto: R. Beier*

Hier verlässt 1116 029 »Schweden« mit EC 112 am 23. April 2009 den Prag-Tunnel in Stuttgart-Feuerbach. | *Foto: M. Dostal*

4.1.4 Die Fußball-Europameisterschaft

Zwischen dem 7. und 29. Juni 2008 fand in Österreich und der Schweiz die Fußball-Europameisterschaft statt. Die ÖBB würdigten dieses Ereignis, indem sie je einen Taurus in den Länderfarben der teilnehmenden Nationen dekorierten.

Dazu kamen die 1116 080, die für die UEFA warb, und die 1116 264 »Euromotion«, die alle Teilnehmerländer vertrat. Am 26. April 2008 wurden 18 mit Folien beklebte »Fußball-Loks« in Wien-Penzing fotogerecht präsentiert. Danach fuhren die Maschinen als Lokzug nach Rekawinkel, anschließend ging es weiter nach Wien-Maxing. Von dort aus gelangten die Loks wieder in den Plandienst.

Länder-»Taurus« der ÖBB

1116 003	Frankreich
1116 004	Rumänien
1116 005	Österreich
1116 007	Griechenland
1116 025	Portugal
1116 029	Schweden
1116 031	Türkei
1116 036	Deutschland
1116 041	Niederlande
1116 075	Schweiz
1116 080	UEFA
1116 084	Russland
1116 087	Polen
1116 108	Kroatien
1116 232	Spanien
1116 264	Euromotion
1216 004	Italien
1216 226	Tschechien

Der ÖBB-Railjet

Am 15. September 2008 führten die ÖBB mit dem Railjet neue Reisezugverbindungen ein, die sich durch einen besonders hohen Komfort auszeichnen. Die Züge verbinden sowohl große Städte in Österreich untereinander als auch mit Zentren in Deutschland, der Schweiz und Ungarn. Sie bestehen aus exklusiven Reisezugwagen und sind mit Loks der Reihe 1116 bespannt. Äußerlich heben sich die Garnituren durch ihre zweifarbig rote Lackierung ab, in die auch die Lokomotiven einbezogen sind. So entsteht ein in sich geschlossenes Zugbild.
2005 schrieben die ÖBB den Auftrag aus. Nachdem Siemens den Zuschlag bekommen hatte, wurden 2006 zunächst 23 Garnituren mit einem Gesamtwert von ca. 245 Millionen Euro beschafft. Für sie waren die 116 201 bis 223 vorgesehen. Im Oktober 2007 folgte eine weitere Bestellung über 44 Züge, von denen 16 für die tschechischen Staatsbahnen CD vorgesehen waren. Diese 16 Züge wurden aber wieder storniert. Für die Bespannung wurden die 116 224 bis 251 ausgewählt. Die Züge werden in der Regel aus sechs Mittelwagen und einem Steuerwagen gebildet. Sie können als Einzelgarnituren oder als Doppelzüge mit zwei Loks eingesetzt werden. In den Großräumen der Wagen stehen den Reisenden 16 Sitzplätze in der Premium-Class, 76 Plätze in der First-Class und 316 Plätze in der Economy-Class zur Verfügung. Zudem gibt es ein Bistro. 2006 begann der Bau der Wagen an den Siemens-Standorten Graz und Wien.
Weil das endgültige Design für die Züge aber noch nicht feststand, entschlossen sich die ÖBB zur Gestaltung von drei Lokomotiven in unterschiedlichem Design. So waren 1016 034 und 035 in unterschiedlichen Grautönen und Ziersteifen unterwegs. 1116 200 wurde in Grau und Weinrot gestaltet. Letztendlich setzte sich der heute übliche bordeauxrote Anstrich durch.
Bereits im April 2008 verließ der erste Zug die Fabrikhallen und wurde den ÖBB übergeben. Zuvor waren 1116 201 und 1116 204 als erste Maschinen mit den für den Railjet nötigen Einrichtungen wie Sicherheitseinrichtungen für den Einsatz in der Schweiz und Ungarn sowie mit ETCS ausgestattet worden.
Diese Einrichtungen wurden im Laufe der Zeit in allen Loks nachgerüstet. Heute haben alle Garnituren Zugsicherungssysteme für Österreich und Deutschland. Bei 23 Zügen sind Zugsicherungssysteme für den Einsatz in der Schweiz (ZUB, Integra) und Ungarn (Mirel Steuerwagen, EVM Lok) vorhanden. Die Loks dieser Züge haben einen dritten Stromabnehmer mit einem schmalen Schleifstück für die Schweizer Oberleitung. Ende April 2008 begannen die Zulassungsfahrten und im Juni 2008 war 1116 201 mit einer Railjet-Garnitur auf der Schnellfahrstrecke zwischen Würzburg und Hannover unterwegs. Anlass des Besuchs war die Zulassung der Fahrzeuge für eine Höchstgeschwindigkeit von 230 km/h und eine Zulassung für den Einsatz in Deutschland.
Ab Dezember 2008 war für zwei Züge folgender Fahrplan vorgesehen:

Zug 1: Wien West 6:52 – RJ 41 – 9:50 Budapest Keleti 13:10 – RJ 66 – 20:34 München Hbf
Zug 2: München Hbf 9:27 – RJ 63 – 16:53 Budapest Keleti 19:10 – RJ 40 – 22:08 Wien West

Die Züge konnten als Doppelgarnituren geführt werden, denn es standen bereits vier Züge zur Verfügung.
Ab April 2009 waren drei Railjet-Zugpaare sowie ein ICE und zwei Eurocitys zwischen München und Wien unterwegs. Im Sommer gingen schließlich alle hochwertigen Verbindungen zwischen München und Wien auf den Railjet über.
Im Dezember des Jahres 2009 begann der Einsatz zwischen Wien und Zürich. Die Züge fahren dabei über Salzburg, Innsbruck und Buchs.
Der Einsatz auf der Südbahn begann im Oktober 2011 mit einem Zugpaar zwischen Wien und Graz, im November 2011 kam ein weiteres Zugpaar zwischen Wien und Villach hinzu.
Seit 2011 gibt es freitags, samstags und sonntags auch eine Verbindung zwischen Budapest und Frankfurt (Main). Seit dem Winterfahrplan 2012/2013 sind die Railjet nun auch mit ihrer planmäßig vorgesehenen Geschwindigkeit von 230 km/h unterwegs. Dieses Tempo kann auf den Abschnitten zwischen Wien und St. Pölten, St. Valentin und Linz sowie zwischen Lambach und Breitenschützing gefahren werden.
Im August 2012 kam es aber doch noch zu einer Bestellung von nun nur noch sieben Railjet-Garnituren für die CD. Sie sollten mit eigenen Mehrsystemloks der Reihe 380 von Skoda bespannt werde. Dagegen legte aber Siemens ein Veto ein und die CD musste langfristig sieben Maschinen der Baureihe 1216 bei den ÖBB anmieten.
Am 17. April 2013 gab es die erste Präsentation in Tschechien. Die 1216 229 fuhr als EC 30000 von Wien Meidling nach Prag Hbf und

später nach Ostrava. In Prag bekam die Lok den Namen »Spirit of Praha«. Am nächsten Tag fanden zwei Fahrten zwischen Ostrava und Prag statt, bevor es mit hochrangigen Vertretern der tschechischen Republik zurück nach Wien ging.

Ein Jahr später übernahmen die CD ihren ersten Zug mit der 1216 233. Die Lok trug passend zu den Wagen einen neuen blau-weißen Anstrich. Zusammen mit drei ÖBB-Garnituren gingen die CD-Züge im Dezember 2014 zwischen Graz, Wien und Prag in den Planeinsatz. Obwohl die ÖBB schon im Sommer 2013 die Zulassung von Railjet in Italien beantragt hatte, dauerte es noch bis zum Dezember 2019, ehe der erste Zug aus Wien bis Bozen fahren durfte. Auch Verbindungen München nach Italien sollten umgestellt werden. Dazu beschafften die ÖBB noch einmal acht Railjet-Züge und 13 Nightjet-Züge. Dazu wurden die benötigten Loks der Baureihe 1216 umgebaut und dem Railjet-Design angepasst. 2017 standen folgenden Lok im Railjet-Einsatz: 1116 152 bis 160, 200 bis 251 sowie 1216 08, 1216 229 bis 237 und 1216 249 bis 250.

Umlauf 1 (1400): Südbahnplan	Züge 724 – 728, 732– 751
Umlauf 2 (1370): Schweiz-Ungarn	Züge 701 – 723
Umlauf 3 (1371): Westbahn, Arlberg	Züge 724 – 728, 732– 751
Umlauf 4 (1372): Westbahn, Arlberg 2	Züge 724 – 728, 732– 751
Umlauf 5 (1399): Westbahn	Züge 752 – 760
Umlauf 6 (1374): Westbahn (Reserve)	Züge 724 – 728, 732– 751
Umlauf 7 (1373): Westbahn 2 (Reserve)	Züge 724 – 728, 732– 751
Umlauf 8 (Tschechien 1)	Züge 761 – 767
Umlauf 9 (Tschechien 2)	Züge 761 – 767
Umlauf 10 (1405, Tschechien ÖBB)	Züge 729 – 731

Am 15. April 2017 stieß der RJ 631 (Wien – Villach) in Wien-Meidling mit der 1144 106 zusammen, weil deren Lokführer ein Halt zeigendes Signal übersehen hatte. Dabei stürzten die drei ersten Wagen des Reisezugs um und es gab neun verletzte Personen. Die 1116 232 am Zugschluss blieb nahezu unbeschädigt und konnte bald in den Plandienst zurückkehren.

»RailJet«-Züge, die von den tschechischen Bahnen betreut werden, tragen einen blauen/grauen Anstrich. Die Loks sind bei den ÖBB eingestellt: 1216 234 am 19. Mai 2022 bei Wolfsbergkogel in Niederösterreich. | *Foto: R. Beier*

Neben einzelnen Loks gibt es beim »RailJet« auch ganze Züge, die mit Folien beklebt sind. Der »KlimaJet« ist am 7. Januar 2017 mit der 1116 224 bei Baden unterwegs. | *Foto: R. Beier*

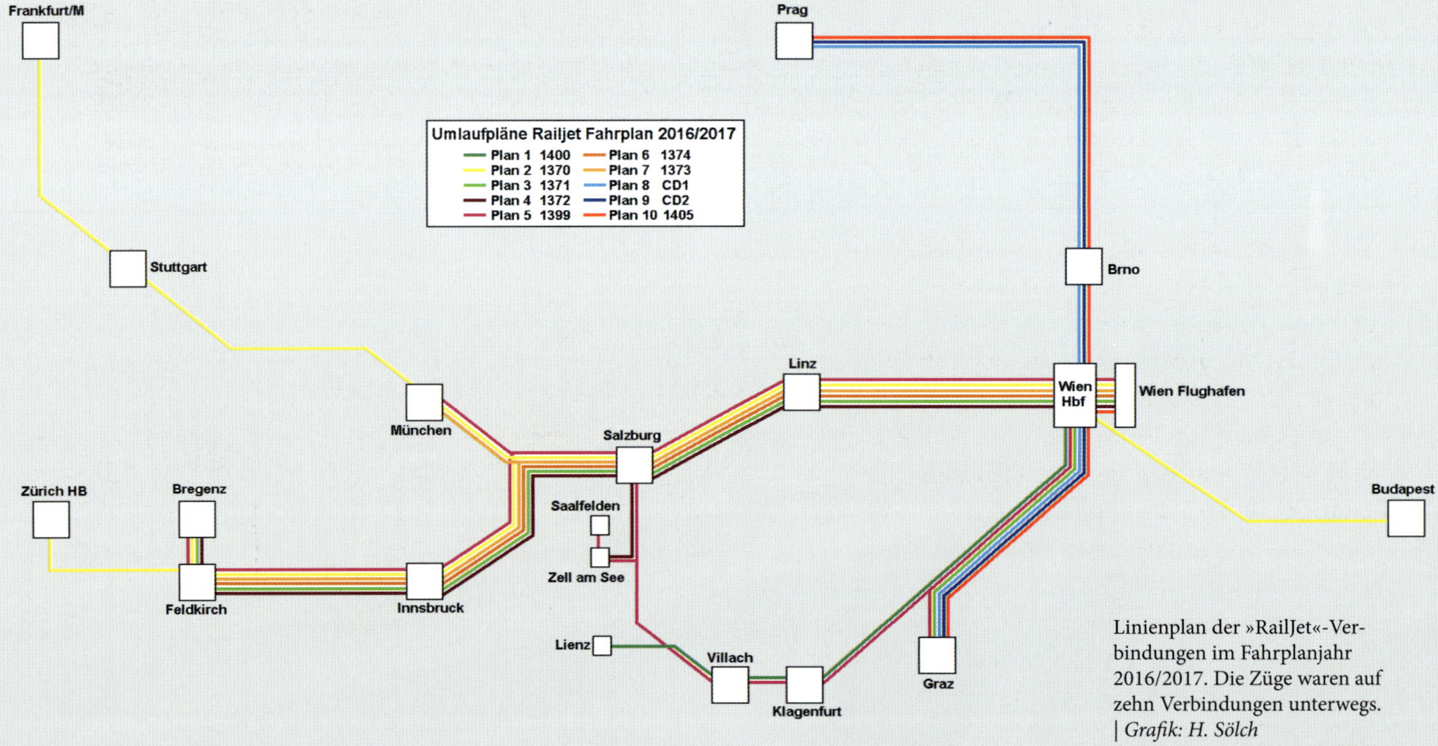

Linienplan der »RailJet«-Verbindungen im Fahrplanjahr 2016/2017. Die Züge waren auf zehn Verbindungen unterwegs. | *Grafik: H. Sölch*

4.1.5 Die Entwicklung seit 2008

2008 übernahm die Rail Cargo Austria (RCA) mit Sitz in Wien die Güterzugsparte der MÁV und gliederte sie unter der Bezeichnung Rail Cargo Hungaria (RCH) in ihr Unternehmen ein. Mit der Übernahme verpflichtete sich die RCA, in die RCH zu investieren und die RCH technisch auf den neuesten Stand zu bringen. Dazu gehörte auch die Erneuerung des Lokomotivparks. Deshalb wurden Loks der Reihe 1116 in den Lokpool der RCH überführt. So kamen im April 2009 die 1116 015 und die 1116 016 zu RCH. Im Februar 2010 standen mit den 1116 006 bis 020, 041 und 045 bis 049 insgesamt 18 Loks in RCH-Diensten. Die Loks behielten ihren roten ÖBB-Anstrich, unterschieden sich aber durch das RCH-Logo auf den Seiten- und Stirnwänden von den ÖBB-Loks. Außerdem wurde bei den Loks der untere Teil des Lokkastens mit blauen Folien beklebt. Von 2011 bis 2020 wurde diese Beklebung wieder entfernt.

Zur Erprobung von ETCS fanden ab Ende November 2009 Probefahrten mit 1116 003 in der Slowakei auf der Strecke Bratislava Raca – Nové Mesto nad Váhom statt. 1116 023 kam dafür nach Bulgarien. Sie gehört zu den 1116 022 bis 024, die eine rumänische Zugfunkausrüstung haben und die auch planmäßig nach Rumänien eingesetzt werden.

Probleme gab es in dieser Zeit mit der Zulassung der Reihe 1216 in Italien. Die zuständigen Behörden verweigerten zunächst deren Einsatz vor den EC-Zügen zwischen München und Verona. So mussten diese Züge übergangsweise mit angemieteten Loks vom Typ ES 64 F4 (Baureihe 189) gefahren werden. Parallel gingen die Zulassungsfahrten weiter. Im März 2010 wurde den ersten Loks der Reihe 1216 die Zulassung erteilt und die EC-Züge nach Verona konnten mit Taurus bespannt werden. Der Einsatz begann aber erst Anfang August mit den Loks 1216 011 bis 017, die sich den EC-Umlauf zunächst noch mit den ES 64 F4 teilten.

Für die Farbgebung der Railjet-Züge standen drei Varianten zur Auswahl, aus denen die Reisenden wählen durften. Zur Veranschaulichung der Farben wurden drei Lokomotiven entsprechend lackiert. (1016 034, Innsbruck, 27. Juli 2009) | *Foto: Dr. B. Domagalski*

Während sich die 1016 034 im Bild oben mit hellgrauem Lokkasten und weißen Absetzflächen zeigt, trägt die 1016 035 einen silbergrauen Kasten und rote Absetzflächen. Hier ist sie am 6. November 2008 bei Tulln unterwegs. | *Foto: R. Beier*

Railjet-Verbindungen führen nach Deutschland, Italien, Tschechien, Ungarn und in die Schweiz. 1116 222 verlässt am 26. Juni 2012 München Ost. | *Foto: M. Dostal*

Die 1116 235 der ÖBB ist am 26. Juni 2023 mit dem Railjet RJX 698 vom Flughafen Wien in Wien Hauptbahnhof angekommen und fährt nach kurzem Aufenthalt weiter nach Klagenfurt. | *Foto: U. Miethe*

Im Frühjahr 2010 stationierten die ÖBB einige ihrer »Taurus«-Maschinen um. So wurden alle Loks der Reihe 1016 in Salzburg zusammengezogen. Von dort gingen im Gegenzug die 1116 223 bis 243 nach Wien West, das außer diesen Loks auch die 1116 001 bis 024 und die 1116 186 bis 222 beheimatete.

Im Winterfahrplan 2010/2011 wurden die Innsbrucker 1216 in vier Umlaufplänen eingesetzt. Sie waren dabei überwiegend zwischen Kufstein, Innsbruck und – im Korridorverkehr – Lienz im Einsatz. Zudem wurden EC-Züge zwischen München und Verona bespannt. Zum Ende des Jahres 2013 wurden die von der Baureihe 1216 geführten Korridorzüge zwischen Innsbruck und Lienz durch das italienische Pustertal eingestellt, so dass hier Loks frei wurden. Die Loks fuhren nun auf der Unterinntalbahn. Auch die Bespannung der EC-Züge zwischen München und Italien war nun nicht mehr möglich, denn die Loks waren nicht mit

Auch »RailJet«-Maschinen bekamen Werbebeklebungen wie die 1116 200 »Demokratie in Bewegung« beweist. Die Lok durchfährt am 17. August 2022 den Bahnhof von Brunn-Maria Enzersdorf. | *Foto: R. Beier*

Einen schönen Blick auf die Schwäbische Alb bietet dieser Punkt an der Gäubahn bei Herrenberg. Am 1. Juni 2023 ist die 1116 141 mit dem IC 186 aus dem Süden auf dem Weg nach Stuttgart. | *Foto: M. Dostal*

ETCS ausgestattet worden, um ihre Italienzulassung nicht neu beantragen zu müssen. Deshalb wurden die Maschinen nur noch auf dem italienischen Abschnitt eingesetzt. Am Brenner gingen Loks der Baureihe 1116 Richtung Österreich an die Züge.

In der Zwischenzeit begannen die ÖBB mit der Nachrüstung von ETCS in den Loks der Baureihe 1216 und Anfang Oktober 2014 standen so viele 1216 zur Verfügung, dass die EC-Züge wieder durchgehend bespannt werden konnten. Um eine Neuzulassung in Italien und Deutschland zu umgehen, nutzte man die ECTS-Einrichtung in diesen beiden Ländern einfach nicht.

Seit 2013 erreichte die Baureihe 1216 die polnische Grenze. Dort wurden Kohlezüge für österreichische Kunden von der PKP Cargo zu übernommen und eine Bespannung durch Lokomotiven von wCD Cargo und AWT war nicht mehr notwendig.

Für die zunächst sechs Zugpaare pro Tag standen 1216 226, 227, 228, 230, 238, 239 und 240 zur Verfügung.

Im Sommer 2014 verunglückte die 1116 074 in Mannheim. Sie war mit ihrem Güterzug DGS 40635 dem EC 216 (Graz – Saarbrücken) in die Seite gefahren. Dabei entgleiste die 1116 074 und zwei Wagen des Reisezugs stürzten um. Der Containerwagen hinter der Lok stellte sich quer und verlor seine Ladung. 35 Reisende wurden verletzt, 17 davon so schwer, dass sie ins Krankenhaus eingeliefert werden mussten. Die Räumung der Unfallstelle dauerte mehrere Tage. Es stellte sich heraus, dass der Lokführer 1116 zwei Halt zeigende Signale überfahren hatte. Die 1116 wurde in Linz bis Februar 2015 instand gesetzt.

Bisher musste jede ausländische Lok, die in Italien eingesetzt werden sollte, einem italienischen Eisenbahnunternehmen zugeordnet sein. Diese

Bestimmung entfiel im Sommer 2016 und die 1216 der ÖBB konnten nun freizügig in Italien verkehren, was die Bespannung vor allem der EC-Züge erheblich vereinfachte.

Im Frühjahr 2014 begann die Zulassung der Baureihe 1116 für Kroatien. Dazu bekam die 1116 021 einen dritten Stromabnehmer und wurde für Versuchs- und Schulungsfahrten nach Kroatien geschickt. Es war geplant, die 1116 in Zagreb zu beheimaten und sie im Güterverkehr bis nach Rijeka und nach Bosnien-Herzegowina zu nutzen. Ab 2015 begannen die ÖBB serienmäßig Loks der Baureihe 1116 mit Paketen für den Einsatz in Süd- und Osteuropa auszustatten. Damit konnten die Loks nach Tschechien (LS90), Slowakei (MIREL), Slowenien, Rumänien, Ungarn (EVM 120) oder Bulgarien eingesetzt werden.

Zum Fahrplanwechsel 2015/16 wechselte die Baureihe 1016 komplett nach Innsbruck und wurde dort Rail Cargo Carrier unterstellt. Nur die beiden CAT-Loks 1016 014 und 036 blieben weiterhin für die Züge zum Flughafen in Wien. Im Gegenzug verließen die meisten Loks der Baureihe 1116 Innsbruck, nur die 1116 260 bis 274 blieben in ihrer alten Heimat.

Im Winter 2017/18 wurde 1116 001 bis 009 mit einer verstärkten Kupplung ausgestattet und konnten so vor 3.000 t schweren Erzzügen zwischen Eperjeske Atrako und Linz VOEST bzw. Dunajvaros/ DUNAFERR genutzt werden. Zur gleichen Zeit übernahm die ÖBB-Tochter RCC Deutschland die 1016 040 bis 050 von den ÖBB und setzte sie in Deutschland vor Güterzügen zwischen Bremen-Sebaldsbrück und Bremerhaven-Kaiserhafen und vor Autozügen zwischen Bremen und Bayern ein.

Im Herbst 2019 stellte sich heraus, dass bei zahlreichen Loks der Reihen 1016 und 1116 falsche Radsätze eingebaut worden waren.

Daraufhin senkten die ÖBB die Höchstgeschwindigkeit dieser Maschinen auf 160 km/h und die

Einsatz auf der Gäubahn Singen – Stuttgart

Die Deutsche Bahn AG plante, den Fernverkehr auf der Gäubahn in die Schweiz ab Dezember 2017 mit den neuen IC2-Doppelstock-Garnituren und Lokomotiven der Baureihe 147 abzuwickeln. Weil es aber bei der Zulassung der Züge in der Schweiz immer wieder Verzögerungen gab, entschied sich die Bahn, die zweistündlich verkehrenden Züge in die Schweiz aus Wagen der SBB zu bilden, die mit Loks der Baureihe 101 bespannt werden sollten. Für die im Gegentakt verkehrenden Züge bis Singen nutzte sie die vorgesehenen IC2-Garnituren. Weil die Bahn die 101 aber anderweitig benötigte wurde, plante man in deren Umlauf einige Nightjet-Züge der ÖBB. Als Kilometerausgleich übernahmen deshalb »Taurus«-Maschinen der ÖBB die Bespannung der Fernzüge auf der Gäubahn. Damit wurden erstmals ÖBB-Loks dieses Typs vor Zügen verwendet, die nicht nach Österreich kamen. Die Loks beförderten die Züge bis Singen. Ab hier übernahmen Schweizer Loks der Baureihe Re 420 die Wagen und brachten sie nach Zürich. Die »Taurus« kamen mit dem EC 112 »Blauer Enzian« von Klagenfurt nach Frankfurt/Main und fuhren dann mit dem IC 2397 nach Stuttgart. Von dort aus ging es dann mehrere Tage in den Einsatz auf der Gäubahn. Die Rückführung nach Österreich erfolgte dann von Stuttgart aus mit dem IC 2396 nach Frankfurt/Main und dem EC 113 nach Österreich. Dies war nur als Notlösung gedacht, denn weiterhin sollten die IC2-Züge in der Schweiz zugelassen werden. Die Zulassung wurde aber nicht erteilt, so dass sich die Deutsche Bahn nach einer anderen Lösung umsehen musste. Diese wurde dann in Form der von der österreichischen Westbahn übernommenen doppelstöckigen »KISS«-Triebwagen gefunden. Die Züge wurden weiß lackiert und für den Betrieb in Deutschland zugelassen. Weil eine Zulassung für die Schweiz bereits vorhanden war, gab es für den Einsatz nach Zürich keine Hürden. Im Herbst 2022 übernahmen die Züge nach und nach die Leistungen in die Schweiz und die ÖBB-»Taurus« konnten für andere Einsätze freigesetzt werden.

1116 182 war 2020 Werbelok für das Österreichische Bundesheer. Am 31. Oktober 2020 hatte sie die Aufgabe, den IC 280 von Singen nach Stuttgart zu bringen. Hier erklimmt sie die kurze Steigung zwischen Herrenberg und Nufringen. | *Foto: M. Dostal*

Die »Taurus«-Maschinen erbrachten vor den IC-Zügen auf der Gäubahn Ausgleichsleistungen für Fahrten der deutschen Baureihe 101 in Österreich. 116 144 hat die Steigung aus dem Stuttgarter Talkessel hinter sich und durchfährt am 12. März 2020 mit dem IC 185 in Kürze Stuttgart-Vaihingen in Richtung Süden. | *Foto: M. Dostal*

In Lindau treffen am 6. Juni 2015 die 1116 096 der ÖBB und die 421 392 von SBB Cargo aufeinander. Deutlich ist der schmalere Stromabnehmer der SBB-Lok zu erkennen. | *Foto: M. Dostal*

1116 195 wurde zwar in den Farben der »NightJet«-Züge lackiert. Die Lok diente aber mehr zu Werbezwecken und war nicht planmäßig mit den passenden Wagen gekuppelt. Am 6. August 2019 hat sie den IC 2234 nach Böblingen gebracht. | *Foto: M. Dostal*

Die ES 64 U2-066 (182 566) zeigt sich in der gelb/silberfarbigen Lackierung des Siemens-Lokpools. Am 12. April 2007 rangiert sie in Aachen Hbf. | *Foto: Dr. B. Domagalski*

Der Dispolok-Taurus ES 64 U2-011 hat mit einem Zug des Kombinierten Verkehrs vor wenigen Minuten den Bahnhof Treuchtlingen verlassen und überquert hier am 30. August 2008 auf seiner Fahrt in Richtung Augsburg das Viadukt in Möhren. | *Foto: U. Miethe*

Loks wanderten zunächst in untergeordnete Dienste wie Regional- und Güterzüge ab. Nicht betroffene Maschinen übernahmen den hochwertigen Dienst. So konnten Railjet-Loks im Regionalverkehr und rote Exemplare vor Railjet-Zügen gesichtet werden. Nach einem Radsatztausch kehrten die Fahrzeuge wieder in ihre angestammten Dienste zurück.

Ein besonderer Zug war im September und Oktober 2021 unterwegs.

Der »Connecting Europe Express« besuchte in dieser Zeit zahlreiche Städte in 26 europäischen Ländern. Dabei gab es einen Zug für das Normalspurnetz und einen Talgo-Zug für das Breitspurnetz in Spanien und Portugal sowie einen für das Netz im Baltikum.

Die sechs Wagen des europäischen Zugs kamen aus mehreren Ländern und hatten ein einheitliches Design. Im Einzelnen waren dies der WLABmz 61 80 72-90 017-7 D-ÖBB, Apm 61 85 19-90 109-3 CH-SBB, WR 61 83 88-90 110-9 I-TI, A10tu 61 87 10-92 011-6 F-SNCF, Bpmmbdz 61 80 84-91 102-2 D-DB und Ddmee 51 55 94-91 102-3 H-START. In Österreich wurde die 1116 276 als

Bahnunternehmen, die auf Lokomotiven des Siemens-Pool zurückgriffen, konnten die Lok selbst bekleben oder lackieren. Je nach Mietdauer handelte sich dabei wie bei der ES 64 U2-037 (182 537) nur um kleinere Aufkleber oder um die Umgestaltung des ganzen Lokkastens. Die Aufnahme entstand am 10. Mai 2008 in Stuttgart-Untertürkheim. | *Foto: M. Dostal*

Zuglok ausgewählt. Im Sommer 2022 nahm die 1116 181 ihren planmäßigen Dienst vor den Cityjet-Zügen auf, nachdem sie zuvor einen zu den rot/weiß lackierten Wagen passenden Anstrich bekommen hatte. Die ersten Einsätze erfolgten rund um Wien.

Anfang 2023 bekamen die Maschinen der Reihe 1116 nach Test- und Probefahrten ihre Zulassung für Serbien. Sie sollen von einer serbischen Einsatzstelle aus sowohl im Verkehr von und nach Serbien als auch im Transit eingesetzt werden.

Die ES 64 U2-022 aus dem Siemens-Lokpool fährt für die Wiener Lokalbahn AG. Am 5. August 2009 durchfährt sie mit einem langen Containerzug, aus Richtung Regensburg kommend, den Bahnhof Neumarkt (Opf) in Richtung Nürnberg. | *Foto U. Miethe*

Schon in der schwarzen Lackierung von Mitsui Rail Capital Europe (MRCE) bringt die ES 64 U2-014 (182 514) am 14. März 2009 einen InterCity bei Beimerstetten von Stuttgart nach München. | *Foto: Th. Estler*

Einer der ersten Mieter von Loks aus dem Siemens-Pool war die Karsdorfer Eisenbahngesellschaft (KEG). Sie gab den Loks türkisfarbene Dachschrägen und Führerstandsäulen. (ES 64 U2-025 [182 525], Merseburg Rbf, 4. Februar 2004) | *Foto: V. Emersleben*

Die ES 64 U2-061 (185 561) ist am 28. September 2011 für DB Fernverkehr mit dem EC 7 auf der Rheinstrecke zwischen Karlsruhe und Rastatt ist in Richtung Schweiz unterwegs. | *Foto: M. Dostal*

Mit einem Messzug, bestehend aus Reisezugwagen des München-Nürnberg-Express und zwei fabrikneuen Autotransportwagen fährt die ES 64 U2-096 am 1. Oktober 2021 durch Esslingen am Neckar. | *Foto: M. Dostal*

4.2 Siemens Dispolok GmbH

Im März 2000 begann Siemens mit der Einrichtung eines eigenen Lokpools. Dieser verwaltete von Siemens gebaute Triebfahrzeuge und vermietete sie bei Bedarf an Eisenbahnverkehrsunternehmen, für die sich kein eigener Lokpark lohnte oder die starken Schwankungen bei ihren Transportaufträgen ausgleichen mussten. Die Loks konnten gemietet oder geleast werden. Der Zeitraum lag dabei zwischen einigen Tagen und mehreren Jahren. Als Produktfarben wählte das Unternehmen Silber und Gelb. Zu den ersten Loks des Pools gehörten neben der 127 001 auch die 152 901 und die 152 902 sowie die aus Norwegen zurückgeholten zwölf Dieselloks der Bauart ME 26 (Di6). Später wurde der Pool um die Viersystem-Elloks vom Typ ES 64 F4 und die Dieselloks vom Typ ER 20 (Eurorunner) erweitert.

Ab 2000 wurde der Lokpool dann mit Loks vom Typ ES 64 U2 ergänzt. Sie wurden zunächst in Anlehnung an das österreichische Nummernschema als 1116 901 bis 1116 903 bezeichnet, trugen aber intern bereits die Bezeichnung ES 64 U2, die später auch an den Loks angeschrieben wurde. Die Maschinen wurden noch in Linz gefertigt. 1116 901 wurde bereits im Dezember 2000 an die HUPAC SA mit Sitz in Chiasso (Schweiz) verkauft. Diese ersten drei Loks wurden dann 2001 in ES 64 U2-901 bis 903 umgezeichnet.

Eine ganz besondere Beklebung hatte die ES 64 U2-072 (182 572) von MRCE. Die »brennende« Maschine fährt am 9. September 2018 mit einem Zug des kombinierten Ladungsverkehrs für TXLogistik durch Würzburg. | *Foto: M. Dostal*

Die ES 64 U2-902 wurde im August 2003 an die Serienausführung angeglichen und in die ES 64 U2-031 umgezeichnet. Bei der ES 64 U2-903 erfolgte dies bereits im Juli 2003. Sie bekam die Nummer ES 64 U2-032.

Am 2. Januar 2001 wurde der Lokpool in die eigenständige Siemens Dispolok GmbH überführt.

Damit die Loks in Deutschland eingesetzt werden können, mussten sie mit einer Datenfernübertragung (DFÜ) ausgestattet werden. Damit lassen sich der Standort der Lok und ihr technischer Zustand abrufen. Dazu kamen ein Mobiltelefon und ein elektrischer Energiezähler.

Nach den ersten drei Loks wurden noch weitere Maschinen, die alle in München gebaut wurden, in den Lokpool aufgenommen. Zunächst folgte eine Bauserie mit 18 Maschinen, die als ES 64 U2-001 bis -018 zwischen September 2001 und Juni 2002 abgeliefert wurde. Zu den ersten Mietern gehörten u. a. Netlog/TXL, Lokomotion und boxXpress. Im Juli 2002 folgten die ES 64 U2-095 bis -099 mit »Schweiz-Paket« und drittem Stromabnehmer in den Lokpool.

Der Lieferung der schweiztauglichen Maschinen gingen Probefahrten einer ES 64 U2 im März 2001 voraus, um die Tauglichkeit in der Schweiz zu überprüfen.

1116 903 kam am 11. März 2001 in die Schweiz und unternahm zahlreiche Versuchsfahrten, teilweise zusammen mit 1116 901 oder anderen Schweizer Lokbaureihen, teilweise aber auch ohne andere Maschinen. Zunächst musste aber

Der mit der ES 64 U2-072 (182 572) bespannte EC 179 wird aus tschechischen Wagen und einem deutschen 2.-Klasse-InterRegio-Wagen gebildet. Die Aufnahme entstand am 5. September 2010 bei Großenhain. | *Foto: S. Bürgel*

Weil die eigenen Fahrzeuge der Hamburg-Köln-Express GmbH zum Start der Verbindung nicht zur Verfügung standen, wurden die Züge aus gemieteten Fahrzeugen gebildet. Die Loks stammen von MRCE, die Wagen von der Vogtlandbahn-GmbH. (ES 64 U2-030 [182 530], Köln-Deutz, 24. Juli 2012) | *Foto: Dr. B. Domagalski*

Wegen fehlender eigener Fahrzeuge nutzte die Abellio GmbH zwischen Tübingen, Stuttgart und Heilbronn Mietfahrzeuge unterschiedlicher Anbieter. Am 26. August 2020 wartet die ES 64 U2-018 (182 518) von MRCE mit Wagen der TRI Train Rental GmbH als RE 10b (95900) in Tübingen auf Abfahrt nach Heilbronn. | *Foto: M. Dostal*

in Basel die 1.950 mm breite deutsche Stromabnehmerwippe gegen die nur 1.450 mm breite Schweizer Wippe ausgetauscht werden.

Am 12. März ging es mit InterRegio- und InterCity-Zügen nach Zürich und weiter nach Bern. Am nächsten Tag fuhr die Lok nach Luzern und abends wieder zurück nach Basel. Von dort aus wurde am 14. März der Güterzug 44753 mit einem Gewicht von knapp 1.100 t nach Spiez bespannt. Von Spiez fuhr die Lok am 15. März nach Frutigen, wo sie den Autozug-Pendel übernahm.

Am 16. März unternahm die Lok von Basel aus zusammen mit 1116 901 Fahrten in Doppeltraktion, die sie bis nach Domodossola brachten. Am 17. März erfolgte die Rückkehr nach Deutschland. Die Lok meisterte ihre Aufgaben zu aller Zufriedenheit, so dass einer Zulassung der ES 64 U2 in der Schweiz nun nichts mehr im Weg stand. Die nächste Lieferserie umfasste die Loks ES 64 U2-019 bis 030. Sie wurde im Mai 2003 abgeschlossen.
Nun folgte mit ES 64 U2-080 bis 082 wieder eine Sonderbauform. Diese drei Loks sind in Deutschland und Österreich zugelassen. Zusätzlich haben sie eine Funkfernsteuerung. Die Loks waren für CargoServ bestimmt. Weil es aber Probleme mit der Fernsteuerung gab, fuhren die ersten beiden Maschinen zunächst ohne diese Einrichtung für deutsche Firmen, ehe sie Ende Dezember 2003 ihre Österreich-Zulassung bekamen und von CargoServ eingesetzt werden konnten.

2010 feierte die boxXpress.de GmbH mit Sitz in Hamburg ihr zehnjähriges Firmenjubiläum und beklebte dafür die ES 64 U2-009 (182 509) mit passenden Folien. Am 10. Februar 2011 ist die Maschine auf der Güterumgehungsbahn bei Stuttgart-Bad Cannstatt unterwegs. | *Foto: M. Dostal*

Am 17. April 2011 brachte die ES 64 U2-006 (182 506) einen TEE-Triebwagen der Baureihe 601 nach Horb in die Eisenbahn-Erlebniswelt der Schienenverkehrsgesellschaft mbH (SVG). Die Aufnahme entstand bei Böblingen. | *Foto: M. Treutler*

Die nächste Bauserie, die 2004 folgte, umfasst die Nummern ES 64 U2-033 bis 052. Im Rahmen der letzten Bauserie wurden schließlich die Loks ES 64 U2-060 bis ES 64 U2-074 in den Lokpool aufgenommen. Die Firma Lokomotion setzte die Loks zwischen München und dem Brenner ein. Dort wurden die Züge von italienischen Loks übernommen und weiter gen Süden befördert. Die von Rail4chem angemietete ES 64 U2-005 wurde im Sommer 2002 kurzzeitig von der Georg Verkehrsgesellschaft (GVG) vor dem Nachtschnellzug EN 110/111 zwischen Berlin und Malmö eingesetzt. Im August/September 2002 lief die ES 64 U2-095 für etwa zwei Monate bei der KEG, die die Lok ausgiebig untersuchte. Sie gehörte zu den fünf schweiztauglichen ES 64 U2-095 bis 099 im Siemens-Lokpool.

Am 29. September kehrte sie zu Siemens zurück. Im November 2002 wurde sie wieder an die KEG vermietet. Anfang 2003 kamen dann ES 64 U2-096 und 097 von NetLog zur KEG.

Im Dezember 2002 war ES 64 U2-022 von der Cargo Service GmbH (CargoServ) mit Sitz in Linz angemietet worden. Sie wollte die beiden »Taurus« bevorzugt im Erzverkehr von Erzberg nach Linz einsetzen. Zum Jahreswechsel 2003/2004 tauschte CargoServ die ES 64 U2-016 und 022 gegen die ES 64 U2-080 und 081 aus. Die beiden Loks haben eine Funkfernsteuerung, die das Rangieren erleichtern soll. Die beiden Loks übernahmen den Erzverkehr von ihren Vorgängern. 2008 beschaffte LogServ mit 1216 930 und 1216 931 die beiden ersten eigenen Taurus. Sie gehören zur Unterbauart ES 64 U4-G. Das heißt, sie sind keine Viersystem-Loks, sondern können nur unter 15 kV/16,3 Hz und 25 kV/50 Hz Wechselspannung betrieben werden, sind somit also eigentlich ES 64 U2. Damit konnten zwei angemietete Loks an den Lokpool zurückgegeben werden.

An den 25sten Jahrestag der deutschen Wiedervereinigung erinnerte die ES 64 U2-060 (182 560). Am 20. Mai 2017 ist sie bei Beimerstetten auf der Schwäbischen Alb in Richtung Stuttgart unterwegs.
| *Foto: Th. Estler*

Die schwarz/silberfarbige ES 64 U2-029 (182 529) und eine ganz schwarze Schwester bespannen einen KLV-Zug. Am 11. April 2018 fahren sie am Heimeranplatz in München vorbei. | *Foto: M. Dostal*

2011 folgten die 1216 932 und 933. Sie gehören zur Unterbaureihe ES 64 U4-B und haben außer der Zulassung für Deutschland und Österreich auch eine für Slowenien. 1216 932 stand seit ihrer Ablieferung 2009 der Siemens AG zu Verfügung und war als 183 701 bei der Betriebsgesellschaft Pressnitztalbahn mbH (PRESS) eingestellt. Alle vier Maschinen tragen den gelb/grauen Anstrich von Log-Serv.
Am 1. März 2003 gab Lokomotion die ES 64 U2-002 an Dispolok zurück und bekam dafür die ES 64 U2-014. Sie hatte somit die Maschinen ES 64 U2-001, 013, 014, 019, 023 und 028 angemietet.

Im Frühjahr 2003 wurden die beiden »Vorserien«-Loks E 64 U2-902 und 903 an die Serienloks angepasst und in ES 64 U2-031 und 032 umgezeichnet. Im Rahmen eines Tauschgeschäfts kamen 2003 einige ÖBB-Taurus in den Siemens Dispolok-Pool. Die ÖBB wollten nämlich die Viersystem-Maschinen vom Typ ES 64 F4 (Baureihe 189) testen und bekamen zu diesem Zweck von Siemens vier Maschinen für zwei Jahre. Die ÖBB hielten dafür die 1116 061 bis 1116 072 für Siemens frei. Im November 2003 kamen auf diese Weise die 1116 061 und 1116 062 nach Deutschland. Die Loks behielten ihren roten Anstrich, aber die ÖBB-Logos wurden entfernt und durch ein gelbes Rechteck und den Schriftzug »dispolok« auf den Seitenwänden ersetzt.
Die Loks erbrachten Leistungen für TX Logistics.
Im April 2004 hatte der Lokpool die 1116 061 bis 1116 065 angemietet. Durch den Bau weiterer ES 64 U2 waren bald wieder genügend eigene Maschinen vorhanden und die ÖBB-Loks konnten Anfang Juni 2004 wieder nach Österreich zurückgegeben werden.

Im Oktober 2005 kamen die ES 64 U2-048 und 052 im Rahmen einer »Promotions«-Fahrt nach Budapest. Dort wurden ungarische Zugsicherungssysteme der Bauart EVM 120 eingebaut und ein dritter Stromabnehmer installiert. Zusätzlich wurden die Loks für Einsätze in Rumänien und Bulgarien vorbereitet. Dafür bekamen sie das ungarische Sicherungssystems EVM-120, ETCS-Level 1, eine Stromabnehmerwippe für Bulgarien, Rumänien und die Türkei, mehrsprachige Anschriften und ein Software-Update. Die Loks wurden als »Bosporus-Sprinter« bekannt. Im Februar 2005

Eine von Güterzügen stark frequentierte Nord-Süd-Verbindung führt in der Nähe von Würzburg entlang des Mains. Hier ist am 23. März 2012 die 183 704 der Wiener Lokalbahn Cargo GmbH unterwegs | *Foto: Th. Estler*

erfolgte die ungarische Zulassung und die Loks wurden in ES 64 U2 060 und 064 umgezeichnet. Später kamen noch die ES 64 U2-061 bis 063 hinzu. Im Dezember 2005 übernahm die Abellio Rail NRW GmbH mit Sitz in Essen den Personen-Nahverkehr auf der Ruhr-Lenne-Bahn (RB 40) zwischen Essen und Hagen sowie auf der Glückauf-Bahn (RB 46) zwischen Gelsenkirchen und Bochum Hbf. Dafür waren Triebwagen vorgesehen, die aber zum Betriebsstart nicht zur Verfügung standen. Deshalb mietete das Unternehmen die ES 64 U2-045 bis 047 von Siemens an und bespannte damit die Reisezüge, die aus Bn- und Bm-Wagen bestanden, welche die Schienenverkehrsgesellschaft mbh in Stuttgart zur Verfügung stellte. Die Züge wurden um Steuerwagen ergänzt, so dass sie als Wendezüge gefahren werden konnten. 2007 wurde die ES 64 U2-046 gegen die ES 64 U2-095 getauscht. Die Einsätze der ES 64 U2 auf der RB 40 dauerten bis Sommer 2007. Zu diesem Zeitpunkt wurden die mit Loks bespannten Züge durch die neuen Triebwagen vom Typ »FLIRT« abgelöst. Die Loks gingen zurück in den Lokpool, wurden mit dem »Ungarn-Paket« ausgestattet und weiter vermietet. Auch die Reisezugwagen wurden an ihre Eigentümer zurückgegeben.

2006 mietete DB AutoZug einen »Taurus« bei Siemens an. Er war für die Bespannung des Urlaubs-Express 1184/1185 zwischen Hamburg und Bludenz vorgesehen. Im Februar 2006 hatte die Wiener Lokalbahnen AG die ES 64 U2-019 bis 024, 027, 040 und die mit einem »Balkan-Paket« ausgestattete ES 64 U2-064 aus dem Siemens Pool angemietet. Somit konnte der zwischen Enns (Österreich) und Rotterdam abgewickelte Containerverkehr in Richtung Osten bis nach Budapest ausgeweitet werden. Die bisher von der RAG Bahn und Hafen GmbH (RBH) angemietete ES 64 U2-017 ging nun an die Rail Transport Service GmbH (RTS) in Graz-Werndorf. 2007 beschaffte RTS mit 1216 901 und 902 seine ersten eigenen »Taurus«-Loks. Bei ihnen handelt es sich um die Mehrsystem-Variante ES 64 U4. 2011 kam noch die 1216 903 dazu. Die drei silber-orangefarbenen Loks werden vor Bedarfsgüterzügen und Bauzügen bevorzugt in Österreich und Deutschland eingesetzt. 2006 beschloss Siemens, sich von seinem Lokpool zu trennen und sich wieder verstärkt dem Lokomotivbau zuzuwenden. Am 21. September 2006 übernahm deshalb Mitsui Rail Capital Europe (MRCE) mit Sitz in Amsterdam – eine Tochter des japanischen Mitsui & Co. -Konzerns mit Sitz in Tokio – den

Außer ihren Güterwagen hat die ES 64 U2-037 (182 537) eine Viersystemlok der Baureihe 189 im Schlepp, als sie am 18. Mai 2011 durch Mühlacker fährt. | *Foto: M. Dostal*

Lokpool. Ab 30. September bezeichnete sich das Unternehmen als Dispolok GmbH. Seit 2008 agiert es unter dem Namen MRCE Dispolok GmbH und wurde bis Anfang April 2008 vollständig als Tochtergesellschaft in den MRCE-Konzern integriert.

Ab dieser Zeit verloren die Loks ihren bis dahin gelb-silberfarbenen Anstrich und bekamen nach und nach einen schwarzen Lokkasten. Die BoxXpress.de GmbH ist seit langem Mieter zahlreicher ES 64 U2 aus dem Siemens-Lokpool. BoxXpress bietet seinen Kunden die Beförderung von Zügen des kombinierten Ladungsverkehrs (KLV) zwischen den Seehäfen in Hamburg und Bremen und Containerterminals im Hinterland wie z. B. in Kornwestheim, Beimerstetten oder München an. Zudem gibt es Leistungen nach Budapest. Für diese Einsätze standen Anfang 2006 die ES 64 U2-003, 004, 006, 007, 008, 009, 015, 016, 018, 025, 031, 032, 039 sowie die ungarntauglichen Maschinen 062, 063 und 065 in Diensten von BoxXpress. Die Loks behielten zunächst ihren gelb-silberfarbenen Anstrich und bekamen große blaue Aufkleber mit Schriftzügen auf die Seitenwände. Später wurden sie in Schwarz lackiert.

2009 mietete die CTL Logistics GmbH, eine Tochter der polnischen CTL Logistics Sp. z o.o. mit Sitz in Warschau, die ES 64 U2-026, 036 und 037 von MRCE an. Sie bespannten mit ihnen unter anderem Koksganzzüge zwischen dem oberschlesischen Kohlerevier und Trier. Dort wurden die Züge an die CFL übergeben und die ES 64 U2 übernahmen die ankommenden Gegenzüge von der CFL. Zur gleichen Zeit hatten DB Fernverkehr und DB AutoZug die MRCE-ES 64 U2-001, 014, 017, 026, 030, 061 und 072 bis 074 angemietet. Während ES 64 U2-014 und 073 von DB AutoZug eingesetzt wurden, waren die anderen Loks für den Fernverkehr unterwegs.

Im Sommer 2012 mietete die Ostseeland Verkehr GmbH (OLA) die ES 64 U2-004, 026, 030, 034 und 036 an und nutzte sie zur Bespannung der HKX-Ersatzzüge. Zwei Lokomotive wurden täglich benötigt, die beiden anderen kamen nur an den Wochenenden mit Verstärkerzügen zum Einsatz. Die Wagen stammten von EuroExpress, der Vogtlandbahn und der Nord-Ostsee-Bahn (NOB).
Es wurden folgende Züge gefahren:

HKX 1800	Mo-Sa	Hamburg-Altona 06:35 – Köln Hbf 10:57
HKX1801	Fr-Sa	Köln Hbf 07:01 – Hamburg-Altona 11:22
HKX1802	Fr-So	Hamburg-Altona 11:37 – Köln Hbf 15:57
HKX1803	tgl.	Köln Hbf 12:01 – Hamburg-Altona 16:23
HKX 1804	Do-So	Hamburg-Altona 16:37 – Köln Hbf 20:57
HKX1805	Fr-So	Köln Hbf 17:01 – Hamburg-Altona 21:22
HKX1807	So	Köln Hbf 21:38 – Hamburg-Altona 01:55

Im Mai 2014 wurde die 183 717 zu Probe- und Messfahrten für das neue ETCS Level 2 in Österreich und Ungarn genutzt. Die weiße Lok bekam dafür passende blaue Werbeaufkleber an den Seitenwänden und war überwiegend auf der Neubaustrecke zwischen Wien Hütteldorf und Sankt Pölten unterwegs.

Im Frühjahr 2018 ging der »Flixtrain« an den Start. Ab März wurden zunächst Verbindungen zwischen Hamburg und Köln sowie zwischen Berlin und Stuttgart angeboten. Die Züge wurden mit Maschinen von MRCE bespannt. Am Anfang war das Wagenmaterial noch bunt zusammengewürfelt und die MRCE-Maschine waren in ihrer schwarzen Lackierung unterwegs. Die graue, von Hectorrail angemietete 242 517 lief zwischen Berlin und Stuttgart.

Auch Flixtrain nutzt »Taurus«-Maschinen aus dem Mietpool von MRCE. Die passend zu den Wagen komplett grüne ES 64 U2-037 (182 537) ist mit Flx 1244 am 24. März 2022 auf der Schnellfahrstrecke bei Enztal unterwegs. | *Foto: M. Dostal*

Im Laufe der Zeit erhielten die Lokomotiven und die Wagen das typische hellgrüne »Flixtrain«-Outfit mit entsprechen Schriftzügen. Die Loks wurden aber nicht lackiert, sondern nur mit Folien beklebt. Im Herbst 2019 konnten die 182 534 und 497 zwischen Stuttgart und Berlin gesichtet werden.

Im Sommer 2019 begann der Ersatzverkehr beim »Meridian« zwischen München und Kufstein. Mit von der Partie war die 182 511, die mit Reisezugwagen der TRI Train Rental GmbH eingesetzt wurde.

Nach der coronabedingten Reduzierung bzw. Einstellung der Flixtrain-Verbindungen und der damit einhergehenden Rückgabe der MRCE-Mietloks begann das Unternehmen im Sommer 2021 die Verbindungen wieder aufzunehmen. Dazu mietete es von MRCE die schwarzen 182 509 und 520 an. Die 182 507 und 521 wurden mit grünen »Flixtrain«-Folien beklebt. Weitere Mietloks waren die 182 520 »Beethoven« und 182 523 »Kaiser Franz Joseph«. Später kam u. a. noch die 182 504, 505, 515, 522, 523 und 537 hinzu. Im Frühjahr 2023 endeten die Einsätze der 182 507, 509 und der 537 vor den Flixzügen und sie wurden wieder an den Eigentümer zurückgegeben. Dabei verloren sie ihre Beklebung und sind seither wieder in Schwarz unterwegs. Neu hinzu kam im Sommer 2023 die nun grüne 182 502. Zu den weiteren Aufgaben der MRCE-Maschinen gehörte die Bespannung des Alpen-Sylt-Nachtexpress´ der RDC Deutschland GmbH. Dazu waren u. a. die 182 518 und 534 eingeteilt. Im Sommer 2021 verkehrte der Zug zweimal wöchentlich, im Herbst nur einmal.

Zur gleichen Zeit hatte DB Fernverkehr vier MRCE auf der Gäubahn im Einsatz. Sie waren dort vorübergehend für drei Loks der Reihe 1116 der ÖBB unterwegs. Dafür hat die ÖBB die Beförderung der Nachtzüge 462/463 und 294/295 von der Reihe 101 übernommen. Angemietet wurden die 182 525, 526, 596 und 598.

Eine außergewöhnliche Aufgabe bekamen 182 525 und 562 von MRCE im Januar und Februar 2022. Sie waren mit einem Messzug von DB Systemtechnik in Serbien unterwegs. Dabei ging es um Messungen zur Einführung des Hochgeschwindigkeitsverkehrs auf der Strecke zwischen Belgrad und Novi Sad. Die Fahrten waren zwischen 5. Februar und 28. Februar anberaumt.

Nach der Weltrekordfahrt am 2. September 2006 zwischen Ingolstadt und Nürnberg treffen sich die bisherige Rekordlok BB-9004 der SNCF (331 km/h im Jahr 1955) und die 1216 050 in Kinding. | *Foto: U. Miethe*

Am 2. September 2006 erreichte die 1216 050 auf der noch nicht für den Verkehr freigegebenen Schnellfahrstrecke Ingolstadt – Nürnberg eine Geschwindigkeit vom 357 km/h. Die Lok ist seitdem die Inhaberin der Geschwindigkeitsweltrekords für Lokomotiven, den bis dahin die französische BB-9004 inne hatte. Hier ist die 1216 050 auf Weltrekordfahrt mit Vmax 357 km/h zwischen Kinding und Allersberg bei Offenbau. | *Foto: U. Miethe*

4.3 Rekord-Fahrt

Am 2. September 2006 unternahm Siemens einen neuen Versuch, den Geschwindigkeitsrekord für Lokomotiven zu brechen. Die Wahl dafür fiel auf die 1216 050. Die Lok war zwar für die ÖBB vorgesehen, befand sich aber bei der Rekordfahrt noch im Besitz von Siemens. Sie wurde nämlich bei der Fertigung vorgezogen, sollte aber erst im Dezember 2007 als letzte 1216 an die ÖBB übergeben werden. Bis dahin wurde die Lok von Siemens für Probefahrten genutzt. Für die Fahrt wählte man den Streckenabschnitt zwischen Kinding und Ingolstadt auf der Schnellfahrstrecke Nürnberg – Ingolstadt. Die Lok wurde nach Kinding gebracht und dort zunächst auf den Namen »Kinding« getauft. In Kinding stand auch die BB 9004 der SNCF, die am 29. März 1955 mit 330,9 km/h einen Geschwindigkeitsrekord für Schienenfahrzeuge aufgestellt hatte, der erst am 26. Februar 1981 mit einer Geschwin-

Die Rekord-Lok 1216 050 bringt den »Blue Star Train«, einen Triebwagen der Baureihe 601 der ESG-Eisenbahn- und Sonderwagen Betriebsgesellschaft mbH, am 4. Oktober 2007 von Augsburg nach Fürstenfeldbruck. Hier passiert der Dbz 80575 den noch im Bau befindlichen Haltepunkt Mering-Sankt Afra. | *U. Miethe*

Auf einer Veranstaltung im Verkehrsmuseum in Nürnberg am 19. September 2009 war neben der echten Weltrekordlok 1216 025 (ex 1216 050) auch ein Modell dieser Maschine in der schwarz/grauen Lackierung zu sehen. | *Foto: U. Miethe*

digkeit von 380 km/h überboten wurde, allerdings mit einem Triebzug vom Typ TGV. Für Loks war der Rekord also weiterhin ungebrochen.

Nach der Taufe ging es mit dem angehängten Messwagen zunächst im »Regeltempo« nach Ingolstadt. Dort begann um 14:50 Uhr die Fahrt in Richtung Nürnberg, nachdem alle Planzüge den Streckenabschnitt verlassen hatten und die Gleise frei waren. Um die Unfallgefahr so gering wie möglich zu halten, durften auch in Gegenrichtung keine Züge unterwegs sein und alle Signale für den Rekordzug standen auf »Grün«. Außerdem durfte nur auf dem Streckenabschnitt zwischen den Kilometern 40,5 und 33,7 schneller als 350 km/h gefahren werden, denn hier befinden sich keine Tunnel. Ansonsten durfte wegen der Tunnel nur maximal 300 km/h gefahren werden.

Bei der ersten Fahrt erreichte die 1216 050 eine Geschwindigkeit von 343,9 km/h und überbot den Rekord der BB 9004 somit um 13 km/h.

Die Hupac Intermodal SA nannte drei ES 64 U2 ihr Eigen und bespannte damit Züge des kombinierten und intermodalen Verkehrs in der Schweiz. Hier ist die ES 64 U2-101 (182 601) ohne Beklebung am 22. April 2020 mit einem Kesselwagenzug bei Stuttgart-Münster unterwegs. | *Foto: Th. Estler*

Doch die Verantwortlichen waren noch nicht zufrieden. Deshalb ging es für eine zweite Fahrt noch einmal zurück nach Ingolstadt, und diesmal wurde eine Geschwindigkeit von 357,0 km/h erreicht.

Nach der Rekordfahrt wurde die Beklebung der grauen Lok vervollständigt. Zunächst trug sie nur die Aufschrift »Vmax 3«, die nun zu »Vmax 357« ergänzt wurde. In diesem Outfit war die Lok bis zur Übergabe an die ÖBB unterwegs. Im Mai 2008 wurde die Lok in die ÖBB-Maschine 1216 025 umgezeichnet und der alte Anstrich gegen einen dunkel-hellgrauen ausgetauscht. Ein Hinweis auf den Weltrekord wurde wieder angeschrieben. In diesem Outfit war die Lok auch im Jahre 2021 noch unterwegs.

4.4 Hupac AG

Die Hupac AG ist ein Schweizer Unternehmen mit Sitz in Chiasso, das sich auf den Güterverkehr auf der Schiene im Alpenraum spezialisiert hat. Dabei werden bevorzugt Züge des kombinierten oder intermodalen Verkehrs, das heißt Containerzüge oder Züge der »Rollenden Landstraße«, befördert.

Nachdem Hupac im Jahr 2000 die 1116 901 (ES 64 U2-901) aus dem Siemens Lokpool angekauft hatte, beschaffte sie 2001 mit den ES 64 U2-101 und 102 zwei weitere Maschinen dieser Bauart. Die erste Maschine wurde als zur Reihe 1116 gehörig eingeordnet, weil sie in Linz gebaut wurde. Die beiden anderen Loks stammen aus München-Allach. Zunächst

Am 19. September 2019 hatte die ES 64 U2-102 (182 602) die Aufgabe, einen Sonderzug des Classic Couriers zu bespannen. Die Aufnahme zeigt den Zug bei der Durchfahrt durch Esslingen am Necker. | *Foto: M. Dostal*

hatte Hupac noch keine eigenen Transportaufträge und vermietete seine Loks deshalb an NetLog, die die Maschinen vor BoxXpress-Zügen einsetzte. Aber auch TX Logistik und rail4chem mieteten die silberfarbenen Maschinen schon für kurze Zeiträume an.

Ab 2002 bekamen die Loks die Zulassung in der Schweiz, nachdem unter anderem die Schweizer Zugsicherungseinrichtungen Integra und ZUB sowie ein dritter Stromabnehmer mit schmalem Schleifstück montiert worden waren. ES 64 U2-901 wurde zuerst »schweizertüchtig« und dabei in ES 64 U2-100 umgezeichnet. ES 64 U2-101 und 102 folgten im Frühjahr 2003. Bei diesem Umbau verloren die Loks allerdings ihre Zulassung für Österreich.

Weil die drei Maschinen keine PZB 90 hatten, durften sie ab Ende September 2004 auch in Deutschland nicht mehr fahren. Dadurch wurde ihr Einsatzgebiet auf die Schweiz beschränkt. Nachdem die PZB 90 eingebaut worden war, duften die Loks auch wieder in Deutschland eingesetzt werden. Für Österreich erhielten sie ebenfalls wieder eine Zulassung. 2012 waren alle drei Maschinen an die Raildox GmbH & Co. KG mit Sitz in Erfurt vermietet, die mit den Loks Holz- und Papiertransporte für die Salzburger Eisenbahn Transportlogistik GmbH (SETG) übernahm.

Im Januar 2013 war ES 64 U2-101 für die Ostdeutsche Eisenbahn GmbH (ODEG) unterwegs und bespannte ersatzweise Reisezüge im

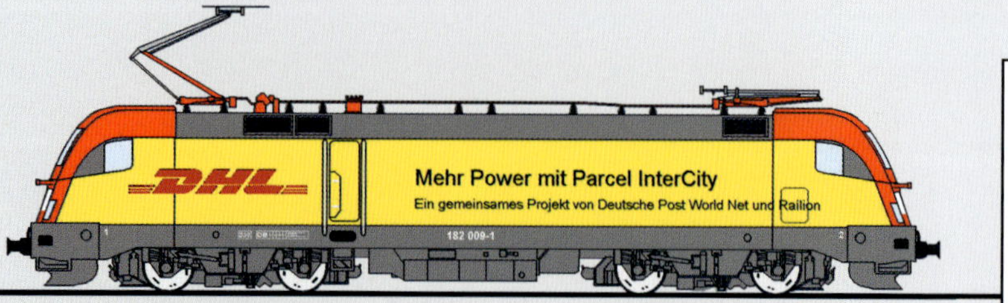

Erste Werbelok der Baureihe 182 bei der Deutschen Bahn war die 182 009, die mit gelben Seitenflächen für DHL warb. | *Grafik: H. Sölch*
Foto: Dr. B Domagalski

Mit der »Railion Logistics«-Beschriftung verlässt die 182 022 mit einem Güterzug am 22. September 2010 Würzburg Hbf. | *Foto: M. Dostal*

Loktreffen am 30. Juli 2019. An diesem Tag begegnen sich die 4185 011 von RailAdventure, die 101 089 der DB AG und die 1216 008 von den ÖBB in München Hbf. | *Foto: M. Dostal*

Großraum Berlin. ES 64 U2-102 hatte von Oktober 2012 bis Februar 2013 die gleiche Aufgabe. Später fanden alle drei Lokomotiven bei der Wiener Lokalbahnen Cargo GmbH ein neues Betätigungsfeld. 2014 verloren die 182 600 und 601 ihre Beklebungen und waren seither nur noch silberfarben ohne Werbeaufschriften unterwegs. Die 182 602 war weiterhin in ihrem alten Outfit unterwegs.

4.5 Deutsche Bahn AG (DB AG)

Weil die Baureihe 152 auf Grund zu starker Kräfte, die sie wegen des Tatzlagerantriebs und des Radsatzstands von 3.000 mm auf die Gleise ausübt, keine Zulassung von den österreichischen Behörden bekam, reduzierte die DB den Auftrag über 195 Loks der Baureihe 152 um 25 Exemplare und bestellte dafür 25 »Taurus«-Maschinen (baugleich mit der ÖBB-Baureihe 1116), die uneingeschränkt in Österreich eingesetzt werden können. Bei der 1116 handelt es sich um eine Zweisystem-Reihe, die eine Spannung von 15 kV/16,3 Hz oder 25 kV/50 Hz nutzen kann. So können diese Loks bei Bedarf auch in Ungarn, Tschechien, der Slowakei und in Frankreich eingesetzt werden.

Weil die Kürzung des Auftrags zur Baureihe 152 zulasten der Hersteller Krauss-Maffei und Siemens gehen würde, wurde vereinbart, dass diese Hersteller dafür die 25 Exemplare der Baureihe 182 bauen durften. Mitte des Jahres 2001 begannen die Auslieferung und die Inbetriebnahme der Loks. 182 001 unternahm eine erste Probefahrt zwischen Wasserbillig und Trier, bevor sie am 12. Juli 2001 ins Werk Nürnberg einzog. Danach folgten im August die 182 002 bis 005. Kurz darauf bekamen diese Maschinen einen ersten viertägigen Umlaufplan, der sie mit Güterzügen unter anderem nach München, Ingolstadt, Crailsheim und Kornwestheim brachte. Sie übernahmen dabei Leistungen der Baureihe 151. Im Dezember 2001 waren dann alle 25 Maschinen im Werk Nürnberg eingetroffen. Im Januar des Jahres 2002 wurde der Umlauf auf acht Tage erweitert. Nun gehörten auch die Städte Hamburg und Düren zu den Wendebahnhöfen.

Mit leeren Autotransportwagen der ARS Altmann AG fährt die 182 012 am 10. Mai 2008 durch Wernstein am Inn. | *Foto: Dr. Ch. Schröfl*

Die 182 022 der DB AG und die 1144 245 der ÖBB sind am 29. Juni 2008 zwischen Stephanskirchen und Endorf als Lokzug unterwegs. | *Foto: Dr. Ch. Schröfl*

In Gambach bei Karlsstadt am Main legt sich die 182 024 am 19. September 2008 mit ihrem Güterzug in die weit gestreckte Kurve. Weil hinter der Lok ein Kesselwagen läuft, hat sie aus Sicherheitsgründen den vorderen Stromabnehmer angelegt. | *Foto: M. Treuter*

Im Herbst 2001 hatte mit der 182 002 die erste Lok dieser Baureihe einen schweren Unfall. Sie wurde danach zunächst in Nürnberg abgestellt. Man arbeitete die Lok aber wieder auf und ab November 2002 war sie wieder im aktiven Bestand. Die übrigen Loks brachten in dieser Zeit in einem 20 Tage umfassenden Umlauf Güterzüge durch ganz Deutschland.

Im Frühjahr 2002 bekam die Baureihe 182 ihre Zulassung für Österreich und im April 2002 begann der Planeinsatz der Loks in die Alpenrepublik. Es gab einen Umlauf vom Traktionsstandort Linz und einen von Innsbruck aus, in denen auch reine innerösterreichische Einsätze vorgesehen waren. Wendepunkte waren München, Nürnberg, Wien und der Grenzbahnhof Brenner.

Ein weiterer schwerer Unfall ereignete sich am 10. September 2003. 182 016 überfuhr im BASF-Werk in Ludwigshafen einen Prellbock und zerstörte ein Wärterhäuschen. Die Lok wurde daraufhin ins Werk Dessau überführt und zunächst von einer Aufarbeitung zurückgestellt. Aber schon am 5. Mai 2004 waren die Unfallschäden beseitigt und die Lok kehrte wieder nach Nürnberg zurück. Um ihren Taurus-Bestand aufzustocken, mietete Railion von Februar 2004 bis Mai 2004 die ES 64 U2-033 von Siemens Lokpool an. Die gelbsilberfarbene Maschine wurde intern als 182 533 vor DB-Güterzügen eingesetzt. Auch DB AutoZug griff auf Loks aus dem Siemens-Pool zurück und mietete für die Wintersaison 2004/2005 zur Bespannung des Urlaubs-Express UEx 1184/1185 zwischen Hamburg und Bludenz eine ES 64 U2 an.

Die 182 014 fährt am 5. August 2009 mit einem Zug des Kombinierten Verkehrs auf der Inntalbahn von Rosenheim nach Kufstein, hier bei der Durchfahrt durch den Haltepunkt Oberaudorf. | *Foto: U. Miethe*

Im Februar 2006 wurde nach der 182 009 mit der 182 004 eine weitere Lok der Baureihe 182 mit Werbefolien der Öffentlichkeit gezeigt. Die 182 009

Die Gegend um Hattenhofen in Bayern bildet die Kulisse für die 182 019, die mit ihrem Güterzug dort am 10. April 2009 unterwegs ist. | *Foto: Th. Estler*

warb zwischen 2003 und 2005 mit gelben Seitenwänden und entsprechenden Anschriften für DHL. Die nun silberfarbene 182 004 trug Werbung für Pkw der Marke Porsche. Im Mai 2012 verlor die Lok ihre silberfarbenen Folien und ist seither wieder im gewohnten Verkehrsrot unterwegs.

Um den zusätzlichen Verkehr in der Zeit der Fußball-Weltmeisterschaft in Deutschland im Juni und Juli 2006 abwickeln zu können, mietete DB Fernverkehr mehrere »Taurus«-Maschinen an. So kamen 1116 035, 040, 045, 048, 049, 267 und 276 zur DB, wo sie intern als Baureihe 116 und 117 für die wendezugfähigen Loks geführt wurden. Die Loks übernahmen dabei bevorzugt Planleistungen nach Österreich, die sonst von Loks der Baureihe 101 gefahren wurden. Die 101 konnten dann für Sonderleistungen genutzt werden. Die 1116 wurden in Deutschland in zwei Umlaufplänen eingesetzt. Ein Plan sah dabei auch die Bespannung von Wendezügen innerhalb Deutschlands vor. Dazu bekamen 1116 035 bis 049 eine Sonderzulassung für den Einsatz mit DB-Steuerwagen. Der andere Plan umfasste nationale und internationale IC- und EC-Züge wie den EC 62/63 und den EC 116/117. Besonders ist die Bespannung der Nachtzüge NZ 1488 und NZ 1489 zwischen München und Hamburg hervorzuheben. Alle Loks gingen zwischen dem 10. und dem 14. Juli 2006 wieder an die ÖBB zurück.

Bereits zwei Monate später bat die DB die ÖBB erneut um Lokhilfe. Diesmal war es Railion, die ab Anfang September mit 1116 248, 249, 251 bis 259, 261 bis 262 und 267 insgesamt 15 Lokomotiven der Reihe 1116 anmietete. Die Loks wurden zu den DB-182 in Nürnberg beheimatet, aber in einem getrennten Umlauf vor Güterzügen eingesetzt. Darin liefen die Maschinen bevorzugt nach Österreich. Im Dezember 2007 endete dieser Einsatz wieder.

Für die DB-Maschinen gab es ab Mai 2006 zwei Umlaufpläne. Im Plan MA wurden 18 Loks und im Plan MB für 1 Lok von Nürnberg aus eingesetzt.

Auch im Herbst 2007 mietete Railion wieder Loks von den ÖBB an und setzte sie vor ihren eigenen Zügen ein. Diesmal waren es 1116 248, 249, 252 bis 255, 257 bis 259, 261 bis 263, 265, 266 und 272. Diese Maschinen bekamen abermals einen eigenen Umlaufplan, in dem sie überwiegend in Südostdeutschland zum Einsatz kamen. Es waren aber auch Leistungen nach Bremen und Aachen enthal-

Am 11. Mai 2015 treffen die 182 007 mit dem RE 4334 nach Hamburg und ein InterCity im Bahnhof Hagenow Land aufeinander.
| *Foto: M. Dostal*

ten. Außerdem fuhr die ES 64 U2-042 für die DB. Grund dafür war ein Produktionsmangel an den GFK-Hauben im Bereich der Führerstände. Die Hauben mussten ausgetauscht werden und die DB-Loks fielen dafür nacheinander einige Zeit aus.

Im August 2008 stellte man bei den ICE-Triebwagen mit Neigetechnik erste Anrisse an den Treibradsatzwellen fest. Daraufhin wurden die Züge aus dem Plandienst genommen, was zu zahlreichen Zugausfällen führte. Weil sich die Untersuchungen über einen längeren Zeitraum erstrecken, stellte die DB Ersatzzüge bereit. Dazu wurden abgestellte eigene Reisezugwagen reaktiviert und Reisezugwagen von anderen Bahnen ausgeliehen. Diese Züge wurden außer mit Loks der Baureihen 101, 120 und 181 auch mit der Baureihe 182 bespannt.

Für die 182 wurde dafür ab Dezember 2009 folgender Umlauf erstellt:

Freitag:
Hamburg-Langenfelde 8:02 – 77732 – 9:56 Flensburg 10:50 – IC 180 – 17:29 Köln Hbf 18:30 – 78587 – 18:37 Köln-Deutzerfeld
Sonntag:
Köln-Deutzerfeld 16:14 – 78537 – 16:21 Köln Hbf 16:26 – IC 1812 – 21:25 Hamburg-Langenfelde

Ab 2009 übernahm DB Regio die ersten Loks der Baureihe 182. Zunächst kam die 182 001 zu Personalschulungsfahrten nach Cottbus. Zum Planwechsel im Dezember 2009 folgten dann die 182 003 bis 005 und die 182 008. Sie wurden vor Regional-Express-Zügen zwischen Cottbus und Leipzig eingesetzt. Dazu musste aber ein »Nahverkehrspaket« mit einer Türblockierung ab 0 km/h (TB 0), einem Fahrgastinformationssystem, einer seitenselektiven Türsteuerung (SAT, TAV), eine elektropneumatische Bremse (ep-Bremse) und eine Notbremsüberbrückung (NBÜ) nachgerüstet werden. Durch diese Nachrüstung im Siemens-Werk in München-Allach erlosch die Zulassung der Loks auf den Gleisen der ÖBB. Während die DB-Maschinen während der Umrüstung nicht im Einsatz waren, mietete DB Regio zur Bespannung dieser Züge ES 64 U2 von MRCE an und setzte die schwarzen Maschinen auf der RegionalBahn-Linie RB 20 zwischen Halle (Saale) und Eisenach ein. Sie bespannten dort Züge, die aus alten, einstöckigen RB-Wagen gebildet wurden.

Die noch bei DB Schenker verbliebenen Loks bespannten in einem fünftägigen Umlaufplan »Parcel Intercity«-Züge (PIC), die im Auftrag von DHL zwi-

Die 182 011 fährt am 25. März 2010 mit einem Zug des Kombinierten Verkehrs auf der Inntalbahn von Rosenheim nach Kufstein, hier bei der Ausfahrt aus dem Haltepunkt Oberaudorf.
| *Foto: U. Miethe*

Mainz Hauptbahnhof am 11. Juli 2010: Die 182 006 verlässt mit dem IC 2022 nach Hamburg-Altona bei brütender Hitze den Bahnhof der rheinland-pfälzischen Landeshauptstadt.
| *Foto: U. Miethe*

Die »Porschelok« 182 004 im Regionalbahn-Einsatz: Am 19. September 2010 bespannt sie den RE 28130 von Cottbus nach Leipzig und begegnet bei Mockrehna dem Fotografen. | *Foto: U. Miethe*

Die Loks der Baureihe 182 waren kurzzeitig auch für DB Fernverkehr im Einsatz. So fährt 182 007 am 20. Juni 2010 mit einem IC über die Hohenzollernbrücke in den Kölner Hauptbahnhof ein. | *Foto: Th. Estler*

schen Nord- und Süddeutschland geführt wurden. Wendebahnhöfe waren dabei unter anderem Hamburg, Hannover und Seelze im Norden sowie Würzburg, Nürnberg, Ingolstadt und München im Süden.

Im Sommer 2010 wurden vier der acht Cottbuser Maschinen – die 182 001 bis 008 – an DB Fernverkehr ausgeliehen. Dabei handelte es sich aber nicht um vier feste Loks, sondern die Maschinen wechselten.

Bei DB Fernverkehr hatten die Loks dann einen viertägigen Umlaufplan, der sie vor InterCity-Zügen unter anderem nach Hamburg, Berlin, Dresden und Köln brachte. Allerdings dauerte der Einsatz nur wenige Wochen und zum Winterfahrplan 2010/2011 kehrten die Maschinen wieder in den Regionaleinsatz zurück. Im Sommer 2011 waren alle 182 zu DB Regio übergegangen und standen dem Betrieb zur Verfügung. Die Loks 182 001 bis 015 gehörten zum Werk Cottbus und wurden nun auf der Linie R 2 zwischen Cottbus und Wismar

Am 20. Oktober 2010 hat die 182 012 den EC 174 in Richtung Dresden am Haken. Während die Sitzwagen von der DB kommen, stellt die ungarische MÁV den Speisewagen. Die Aufnahme entstand bei Stauda in der Gemeinde Priestewitz. | *Foto: S. Bürgel*

Auf der Elbebrücke Torgau vermindert die 182 003 am 19. September 2010 bereits ihre Geschwindigkeit, um mit dem RE 28132 von Cottbus nach Leipzig gleich in den Bahnhof Torgau einzufahren.
| *Foto: U. Miethe*

Die 182 022 fährt am Abend des 22. August 2011 mit einem gemischten Güterzug von Landshut (Bay) nach Regensburg, hier hinter Ergoldsbach.
| *Foto: U. Miethe*

Südlich von Dresden verläuft die Strecke nach Bad Schandau und weiter nach Tschechien nahe am Ufer der Elbe. Bei Königstein begegnet am 17. Juni 2012 eine mit der 182 016 bespannte S-Bahn dem Ausflugsschiff »Pillnitz«.
| *Dr. Ch. Schröfl*

Das Glasdach über dem Hauptbahnhof in Berlin bietet auch den Reisenden der Stadtbahn Schutz vor der Witterung. Hier verkehren außer der S-Bahn auch Regional- und Fernzüge in Ost-West-Richtung. Mit dem RE 37410 nach Wittenberge hat die 182 005 am 6. Oktober 2012 die Halle erreicht.
| *Foto: M. Dostal*

(über Berlin) eingesetzt. Die Loks 182 016 bis 023 waren von Dresden aus auf der S-Bahn-Linie S 1 zwischen Schöna und Meißen zu finden.

Die 182 024 und 025 waren für die Thüringer Linie RB 20 Halle (Saale) – Eisenach vorgesehen. Dieser Einsatz endete im Dezember 2012 und die Loks wurden nach Dresden umgesetzt. Zwischen Sommer 2013 und Dezember 2014 waren die beiden Maschinen dann noch einmal in Erfurt, ehe sie Thüringen endgültig in Richtung Cottbus verließen.

Zu dieser Zeit waren die Loks wie folgt verteilt:

Cottbus: 001, 003, 004, 009, 012, 013, 014
Dresden: 002, 005, 006, 007, 008, 010, 011, 015, 016, 017, 018, 019, 020, 021, 022, 023
Erfurt: 024, 025

In Cottbus waren die Loks nun auf Linie RE2 (Cottbus – Berlin – Wittenberge/Wismar) anzutreffen. Doch schon im Dezember 2012 wurden sie hier von Triebwagen der Ostdeutsche Eisenbahn GmbH (ODEG) abgelöst. Sie wechselten deshalb wieder auf die Linie RE 1 (Cottbus – Berlin – Magdeburg), die sie von der Baureihe 143 übernahmen. Auch im Winterfahrplan 2012/2013 waren ES 64 U2 vom MRCE bei DB Fernverkehr im Einsatz. So standen 182 509, 561, 570, 572 und 574 zur Bespannung hochwertiger Reisezüge zur Verfügung. Dabei wurden in einem viertägigen Umlauf überwiegend Langläufe mit Nachtzügen und EuroCity-Zügen gefahren. Wendebahnhöfe waren unter anderem Hamburg-Altona, Basel SBB und Freilassing bzw. Berchtesgaden. Einige Züge begannen oder endeten in Frankfurt (Main).

Am 28. April 2012 passiert die 182 015 mit ihrer S-Bahn das markante Stellwerk von Coswig bei Dresden. | *Foto: Dr. Ch. Schröfl*

Reger Betrieb herrscht am 18. Mai 2012 in Dresden Hbf. Auf den Kopfgleisen im unteren Bereich des Bahnhofs steht die 182 006 zur Abfahrt bereit. | *Foto: M. Dostal*

Mit der 182 506 übernahm die DB Systemtechnik GmbH in Minden im September 2013 einen Taurus in ihren Bestand. Die Maschine ersetzte die 103 222 und wird zu Messfahrten in ganz Deutschland genutzt. Sie bekam einen verkehrsroten Anstrich und später die kleine Aufschrift »www.db-systemtechnik.de«. Außer der 182 506 war auch die angemietete schwarze 182 524 mit Messzügen für die Systemtechnik unterwegs.

2014 feierte die RegionalExpress-Linie RE 1 (Magdeburg – Berlin – Cottbus) ihr zwanzigjähriges Bestehen. Deshalb bekamen Cottbuser 182er einen Werbeaufkleber mit der Aufschrift »20 Jahre RE 1 – Ein Takt, der bleibt«.

Im Februar 2015 kam mit der 182 007 die erste Lok nach Rostock und wurde vor dem »Hanse-Express« zwischen Rostock und Hamburg genutzt.

Ende 2015 übernahm die Baureihe 146 die Bespannung der S-Bahn-Züge in Dresden und die 182 wurden nach Magdeburg-Buckau abgegeben. Hier wurden sie zunächst im S-Bahn-Dienst auf der Linie S 2 zwischen Leipzig-Connewitz – Dessau) und auf der Regionalstrecke RB 42 (Dessau – Magdeburg Hbf) genutzt.

Begegnung von 182 021 und 182 019, die am 19. Mai 2012 den Haltepunkt Dresden-Strehlen im S-Bahn-Dienst anfahren. | *Foto: M. Dostal*

Die Aufnahme zeigt die 1116 087 vor dem EC 113 am 3. Januar 2021 auf der Fahrt die Geislinger Steige hinauf kurz vor Amstetten. Am Zugende schiebt die 1116 164. | *Foto: Ch. Kissel*

Die DB Netz AG hat die 182 535 von MRCE angekauft und gelb lackieren lassen. Sie setzt die

Zwar wurden und werden die Loks der Baureihe 182 im S-Bahn-Dienst genutzt, sind aber eigentlich nicht für diesen Einsatz vorgesehen. Deshalb wurden sie bei der S-Bahn Dresden inzwischen von Loks der Baureihe 146 abgelöst. (182 022, Dresden Hbf, 17. Dezember 2013) | *Foto: M. Dostal*

Maschinen nun vor ihren Messzügen ein. Am 27. November 2023 wartet die Lok in Stuttgart Hbf auf ihren nächsten Einsatz. | *Foto: M. Dostal*

Auch im Großraum Berlin werden die Maschinen im Regionalverkehr benötigt. Die Aufnahme zeigt einen RegionalExpress am 22. Juni 2014 an der Jannowitzbrücke in Berlin. | *Foto: Th. Estler*

Die Deutsche Bahn nutzt die Lokomotiven wegen ihrer glatten Seitenwände gern als Werbeträger. So war die 182 016 für den Verkehrsverbund Oberelbe (VVO) unterwegs. | *Grafik: H. Sölch, Foto: M. Dostal*

Die recht farbenfrohe 182 005 erinnerte an den 200. Geburtstag von Theodor Fontane im Jahr 2019. | *Grafik: H. Sölch, Foto: V. Emersleben*

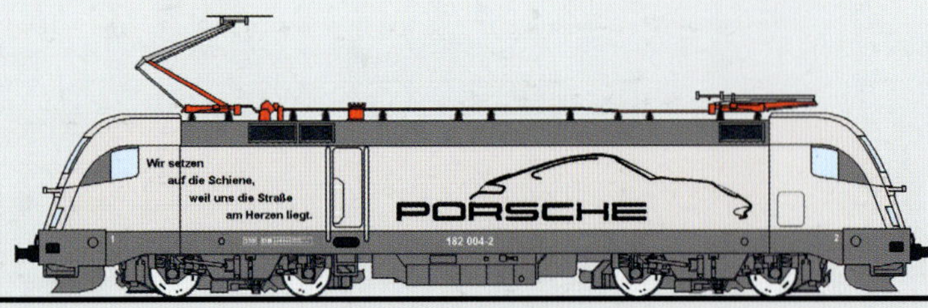

Auch die Industrie nutzte die Baureihe 182 als Werbeträger. So ließ Porsche die 182 004 mit silberfarbigen Folien bekleben und mit Motiven und Aufschriften versehen. | *Grafik: H. Sölch, Foto: M. Dostal*

Dieser Einsatz endete mit der Anlieferung von Triebwagen der Baureihe 442 im Sommer 2016 und die Loks wechselten nach Cottbus.
Seither sind die meisten Maschinen in Rostock oder Cottbus zu Hause und wechselten ab und an zwischen den beiden Werken hin und her. Das Einsatzgebiet veränderte sich dabei aber nur wenig. 182 015, 016 und 024 waren im Frühjahr 2023 in Berlin-Lichtenberg beheimatet. Auch 2015 setzte DB Fernverkehr planmäßig zwei MRCE-Mietloks von Frankfurt (Main) aus ein. In zwei Umläufen wurden dabei folgende Leistungen erbracht:

Für die Bundesgartenschau 2015 in der Havelregion wurde die 182 013 schon 2012 mit bunten Folien beklebt, die Kinder und Jugendliche im Rahmen eines Wettbewerbs entworfen hatten. | *Grafik: H. Sölch*

Auf die RegionalBahn-Linie RE 1 zwischen Magdeburg und Frankfurt (Oder)/Cottbus machte die 182 002 ab 2016 aufmerksam. | *Grafik: H. Sölch*

Umlauf 1
Montag:
IC 1971 Frankfurt 06:55 – Stuttgart 08:35
IC 118 Stuttgart 15:12 – Münster 20:29
Dienstag:
IC 119 Münster 07:27 – Stuttgart 12:46
IC 2052 Stuttgart 17:55 – Saarbrücken 20:18
Mittwoch:
IC 2053 Saarbrücken 06:19 – Stuttgart 08:46
IC 118 Stuttgart 15:12 – Münster 20:29
Donnerstag bis Sonntag:
IC 119 Münster 07:27 – Stuttgart 12:46
IC 118 Stuttgart 15:12 – Münster 20:29
Umlauf 2
Montag:
IC 119 Münster 07:27 – Stuttgart 12:46
IC 2052 Stuttgart 17:55 – Saarbrücken 20:18
Dienstag:
IC 2053 Saarbrücken 06:19 – Stuttgart 08:46
IC 118 Stuttgart 15:12 – Münster 20:29
Mittwoch:
IC 119 Münster 07:27 – Stuttgart 12:46
IC 2052 Stuttgart 17:55 – Saarbrücken 20:18
Donnerstag:
IC 2053 Saarbrücken 06:19 – Stuttgart 08:46
IC 2316 Stuttgart 16:36 – Mainz 18:15
Lr 78688 Mainz 18:22 – Frankfurt 18:58
Freitag:
IC 2099 Frankfurt 05:20 – Stuttgart 07:00
IC 1922 Stuttgart 10:09 – Berlin Südkreuz 19:02
Samstag:
abgestellt in Berlin
Sonntag:
IC 1923 Berlin Südkreuz 15:47 – Frankfurt 23:42

Die Loks tauschten wöchentlich zwischen beiden Umläufen hin und her.

Die 182 506 von DB Systemtechnik steht am 19. März 2020 mit einem Messzug im Bahnhof Donauwörth. Rechts steht ein neuer »Mireo« von Siemens für die Rhein-Neckar S-Bahn. | *Foto: U. Miethe*

Südlich von Dresden liegt der Königstein mit seiner stattlichen Festungsanlage. Für Ausflügler ist sie bequem mit der S-Bahn zu erreichen, die direkt am Fuß des Berges hält. Am 15. Juni 2015 schiebt die 182 016 ihre S-Bahn aus dem Haltepunkt in Richtung Dresden. | *Foto: M. Dostal*

Die schnelle Direktverbindung zwischen Hamburg und Berlin wurde 2018 mit Lokomotiven der Baureihe 182 gefahren. Als Wagenmaterial für die von DB Regio angebotenen Züge dienten ehemalige InterRegio-Wagen. (182 018, Berlin Ostbahnhof, 7. Mai 2018)
| *Foto: M. Dostal*

DB Netz + Instandhaltung Notfalltechnik übernahm von MRCE die 182 535 und 536. Die beiden inzwischen gelb lackierten Maschinen sind nun in ganz Deutschland anzutreffen. Im Herbst 2019 hatte DB Fernverkehr sechs Mietloks von MRCE im Einsatz. So bespannten die 182 513 und 530 von München bevorzugt die Nachtzüge NJ 264/295 nach Salzburg und NJ 463/462 nach Villach. Die 182 523 war mit dem Hamburg-Berlin- Express (IRE 4273/4272) beschäftigt.

Das Tochterunternehmen LogServ der Voestalpine befördert unter dem Markennamen CargoServ Güterzüge im ÖBB-Netz. Am 28. Juli 2022 fährt die 1216 931 mit einem Sandzug durch Enns. | *Foto: R. Beier*

4.6 CargoServ GmbH

Die Cargo Service GmbH (CargoServ), eine hundertprozentige Tochtergesellschaft der Logistik Service GmbH (LogServ), ist ein österreichisches Eisenbahnverkehrsunternehmen mit Hauptsitz in Linz. Sie wurde am 1. April 2001 gegründet und erbringt seither Zugförderleistungen, überwiegend im Güterverkehr in Österreich.

Zur Bespannung der Züge griff CargoServ auf den von Siemens gebauten Loktyp ES 64 U2 zurück. So mietete sie aus dem Siemens-/MRCE-Lokpool folgende Maschinen an:

ES 64 U2-005 05.2005 – 12.2008
ES 64 U2-016 06.2002 – 12.2003
ES 64 U2-022 12.2002 – 12.2003
ES 64 U2-033 06.2004 – 08.2004
ES 64 U2-040 09.2004 – 07.2008
ES 64 U2-041 05.2004 – 06.2004
ES 64 U2-072 09.2008 – 12.2008
ES 64 U2-080 12.2003
ES 64 U2-081 01.2004
ES 64 U2-082 01.2004
ES 64 U2-083 10.2005

Die ES 64 U2-080 (182 580) ist nur angemietet, läuft aber trotzdem im Design von CargoServ. Am 5. April 2009 ist sie mit einem leeren Kohlezug nach Tschechien in Wien auf der Nordbahnbrücke über die Donau unterwegs. | *Grafik: H. Sölch, Foto: R. Beier*

Auch die Siemens-eigenen 183 701 und 702 waren schon für LogServ unterwegs.

Zusätzlich zu den gemieteten ES 64 U2 beschaffte LogServ im November 2008 mit 1216 930 (Fabriknummer 21316) und 1216 931 (Fabriknummer 21317) auch zwei eigene Maschinen. Sie gehören zum Typ ES 54 U4-G. Die Loks wurden gekauft, weil die Mietfristen zweier ES 64 U 2 erreicht waren und die Verträge nicht verlängert werden sollten.

Die Loks bekamen die grau-gelbe Farbgebung von Cargo-Serv. In diesem Outfit waren bzw. sind auch die gemieteten ES 64 U2-005, 022, 040, 080, 081, 082 und 083 unterwegs.

Im Juni 2011 übernahm LogServ die 2009 unter der Fabriknummer 21323 gebaute ES 64 U4 183 702 und reihte sie als 1216 932 in ihren Bestand ein. Außer in Österreich sind die Loks auch fallweise in Deutschland unterwegs, wo sie Leistungen für unterschiedliche deutsche EVU erbringen.

Die ungarischen Staatsbahnen MÁV haben zehn »Taurus« als Baureihe 470 im Bestand, die sowohl im Regional- als auch im Fernverkehr genutzt werden. Mit einem Regionalzug kommt die 470 007 am 8. Juni 2019 in Budapest-Keleti an. | *Foto: Th. Estler*

4.7 Magyar Államvasutak (MÁV)

Bald schon zeigten auch die ungarischen Staatsbahnen »Magyar Államvasutak« (MÁV) Interesse an Lokomotiven des Typs ES 64 U2, hatten sie doch zuvor die Strecke zwischen Hegyeshalom und Budapest für eine Höchstgeschwindigkeit von 160 km/h ausbauen lassen, um so die Fahrzeiten zwischen Wien und Budapest zu verkürzen. Einer weiteren Kürzung stand allerdings der Lokwechsel entgegen, der aufgrund der unterschiedlichen Stromsysteme an der österreichisch-ungarischen Grenze nötig war. Deshalb hatten die ÖBB mit der Reihe 1014/1114 bereits 18 Zweisystem-Maschinen im Bestand, die die EC-Züge zwischen Wien und Budapest bespannten. Die MÁV konnten aber die von diesen Loks in Ungarn erbrachten Kilometerleistungen nicht mit eigenen Loks ausgleichen, sondern stellten den ÖBB dafür Reisezugwagen zur Verfügung. Um dies zu beenden, bestellte die ungarischen Staatsbahnen eigene Mehrsystem-Maschinen.

Im Frühjahr 2002 kamen die ersten »Taurus«-Loks in den Bestand der MÁV. So wurde die 1047 001 am 3. April 2002 in Budapest keleti offiziell vorgestellt. Die Loks erhielten einen blaugelben Anstrich, wurden als 1047 001 bis 010 eingeordnet und in Budapest-Ferencváros beheimatet. Im Oktober 2011 wurden sie in 470 001 bis 470 010 umgezeichnet. Die Maschinen wurden komplett im Siemens-Werk in München-Allach gefertigt. Die Wartung wurde ab 2006 für zunächst drei Jahre

Mit einem »RaaberCity« ist die 470 009 der MÁV am 22. August 2023 bei Pinnye in Ungarn unterwegs. Die Lok hat die Standardlackierung mit gelben Fronten und türkisblauen Seitenwänden. | *Foto: R. Beier*

von der ÖBB übernommen. Nach diesen Loks wurden keine weiteren ES 64 U2 mehr von den MÁV geordert. Der Planeinsatz begann am 15. Dezember 2002 und brachte die Lok zunächst in das ungarisch-österreichische Grenzgebiet. Weil die Loks zunächst keine LZB-Einrichtungen hatten, durften sie in Deutschland und Österreich nur mit einer Höchstgeschwindigkeit von 160 km/h eingesetzt werden.

Im Sommer 2004 brachte sie ein siebentägiger Umlaufplan von Budapest nach Wien und ab 2006 wurde Salzburg erreicht. Im Güterverkehr bespannten die Loks Züge der »Rollenden Landstraße« von Wels bis an die rumänische Grenze bei Szeged/ Kiskundorozsma.

Um die Loks ohne Einschränkungen einsetzen zu können, schrieben die MÁV die Nachrüstung der Maschinen mit ETCS aus. So wäre weiterhin der Einsatz in Deutschland, Österreich und Rumänien möglich gewesen. Der Einbau fand aber nicht statt. Im Oktober 2011 vergaben die ungarischen Bahnen neue Baureihennummern und aus den aus der Reihe 1047 wurde die Baureihe 470.

Im August 2012 gab es neue Einsatzgebiete für die Maschinen. Statt mit der »Rollenden Landstraße« waren die Loks nun mit dem IC 531/530 zwischen Wien, Villach und Lienz unterwegs. Im Winter 2012/2013 gab es für die Loks mehrere Umlaufpläne, in denen sechs Maschinen benötigt wurden. Sie bespannten u. a. die EuroNight-Zug-

Die Maschinen der MÁV sind mit zahlreichen Werbebeklebungen unterwegs. So zeigt sich die 470 004 mit einer Aufschrift zum 650. Jubiläum der Universität in Pécs am 8. Juni 2019 in Budapest-Keleti. | *Foto: Th. Estler*

Die zehn MÁV-Loks sind auch in Österreich regelmäßig anzutreffen und werden unter anderem zur Bespannung von Reisezügen zwischen Wien und Budapest herangezogen. Die 470 010 bekam eine Beklebung, die an das siegreiche ungarische Fußballteam aus den 1950er-Jahren erinnert. Die Lokomotive war mit einem Schnellzug am 22. August 2022 in Bad Vöslau anzutreffen. | *Foto: R. Beier*

paare EN 346/347, EN 463/462 und EN 466/467 von Budapest nach Wien und Salzburg.

Die restlichen beiden standen als Reserve zur Verfügung. Als Kilometerausgleich bespannten sie auch einige Regionalzüge innerhalb Österreichs, so die REX 1500/1507 und REX 1508/1515 zwischen Salzburg und Innsbruck.

Ab dem Fahrplanwechsel im Winter 2015 waren die ungarischen Loks der Reihe 470 auch in Österreich unterwegs. Dabei wurden bevorzugt Züge zwischen Wien und Budapest sowie auf der Franz-Josefs-Bahn bespannt. An vier Umlauftagen waren sie mit RegionalExpress-Zügen zwischen Wien Franz Josefs Bahnhof und Ceske Velenice unterwegs. Die Fahrten wurden als Kilometerausgleich für in Ungarn durch österreichische 1116 erbrachte Leistungen gerechnet.

2016 schrieb die Bahn abermals die Nachrüstung der Maschinen mit ETCS – diesmal Level 2 – aus. Aber auch diesmal blieb die Ausschreibung ohne Folgen. Abweichend von den ÖBB-1116 haben die MÁV-Loks ein leiseres Signalhorn für den Einsatz in Bahnhöfen und im Führerstand 1 ein kleines Waschbecken.

Bereits 2011 beklebten die MÁV ihren ersten Taurus mit Werbefolien. Die 470 010 erinnerte an die Fußballmannschaft, die in Helsinki die Olympischen Spiele gewann und bei der Weltmeisterschaft 1954 in Bern im Finale gegen Deutschland verlor. Im September 2014 folgte die 470 005, die an den Handballklub Ferencvárosi Torna Club erinnerte. Ab April 2015 war die 470 004 für die ungarische Staatsoper unterwegs. Danach folgten in kurzen Abständen immer neue Beklebungen, sowohl bei unterschiedlichen Loks als auch bei denselben Maschinen. Eine Aufstellung der Beklebungen findet sich im Kapitel 9 »Statistik«.

Die 1116 060 der Raaberbahn, Györ-Sopron-Ebenfurti Vasut Részvénytarsasag (GySEV), steht am 3. Juli 2010 als Schlusslok an einem GySEV-Sonderzug im Bahnhof Budapest-Keleti. | *Foto: U. Miethe*

4.8 Györ-Sopron-Ebenfurti Vasút (GySEV)

Gleichzeitig mit den MÁV beschaffte auch die österreichisch-ungarische Raab-Oedenburg-Ebenfurter Eisenbahn AG (Raaberbahn) – oder ungarisch Györ-Sopron-Ebenfurti Vasút (GySEV) – als eine der ersten Privatbahnen eigene Loks vom Typ ES 64 U2.

Im Frühjahr 2002 bekam sie ihre ersten fünf »Taurus«-Maschinen. Die grün-gelb lackierten Zweisystem-Loks wurden mit den Betriebsnummern 1047 501 bis 505 eingereiht und in Sopron beheimatet.

Als erste traf die 1047 501 am 30. April 2002 in Sopron ein, nachdem sie am Tag vorher an in Budapest an die GySEV übergeben worden war. Sie wurde zunächst für Schulungen genutzt. Zunächst liefen die Maschinen in Universalausführung vor Schnellzügen und Güterzügen zwischen Sopron und Budapest. Ab Mai 2003 hatten die Loks einen dreitägigen Umlaufplan, der sie oft nach Österreich brachte. So wurden Züge der »Rollenden Landstraße« zwischen Wels und Sopron (Ödenburg) sowie Güterzüge nach Villach und Wien bespannt. Im Sommer 2003 weilte 1047 501 für einige Zeit zu Sonder- und Vorführfahrten in Deutschland. Dabei kam sie mit einem Sonderzug sogar bis nach Sassnitz auf Rügen. Weil die GySEV aber nicht auf diese Lok verzichten konnte, bekam sie in dieser Zeit leihweise die ES 64 U2-028 aus dem Siemens-Lokpool. Um die von den ÖBB für die GySEV erbrachten Kilometerleistungen auszugleichen, bespannten die Loks der GySEV einige Züge der ÖBB. Dazu gehörten auch die schon erwähnten Züge der »Rollenden Landstraße«.

Im Frühjahr 2004 begann der Einsatz auf der österreichischen Südbahn. Dabei wurde sowohl Güterzüge als auch Intercityzüge zwischen Wien, Graz und Villach bespannt.

Im Oktober 2004 hatte die 1047 502 einen schweren Unfall und fiel längere Zeit aus. Sie wurde im Werk Linz aufgearbeitet.

Die ES 64 U2-070 von MRCE wird von der GySEVCargo genutzt, die aber auch Reisezüge mit der Lok bespannt. Am 6. Januar 2015 ist die Lok bei Csorna in Ungarn unterwegs. | *Foto: R. Beier*

Um solche Ausfälle kompensieren zu können, mietete die GySEV langfristig Taurus von den ÖBB an. So kamen als erstes 1116 061 bis 065 im Mai 2005 zur GySEV. 1116 062 hatte im Mai 2007 einen schweren Unfall in Fürnitz und musste aufgrund ihrer starken Beschädigungen ausgemustert und im September 2009 schließlich verschrottet werden. Den ersten fünf Loks folgten im Juli 2007 die 1116 060 und Anfang März 2009 die 1116 058 und 059 leihweise zur GySEV. 2012 waren die Loks noch angemietet.

Auch mit den gemieteten Loks hatte die GySEV nicht so richtig Glück. So rollte 1116 062 am 18. Mai 2007 ungebremst und ohne Personal los. Nach knapp 20 Kilometern fuhr sie in Villach mit einer Geschwindigkeit von über 150 km/h gegen eine Brücke und wurde dabei vollkommen zerstört. Die Lok wurde nicht wieder aufgebaut, sondern im Jahr 2010 durch einen Neubau mit der Fabriknummer 21628 ersetzt. Diese Lok bekam die Nummer 1116 062 in Zweitbesetzung.

Im Frühjahr 2007 verunglückte die 1047 504, als sie mit einem Lkw zusammenstieß. Auch sie fiel danach bei Februar 2008 Zeit aus. Der nächste schwere Unfall ereignete sich am 26. Februar 2008, als 1047 505 mit ihrem Schnellzug ebenfalls mit einem Lkw zusammenstieß. Damit fiel wieder eine Maschine für längere Zeit aus.

Ab Mai 2008 wurde der Ausgleich nun in einem fünftägigen Umlauf überwiegend vor EC-Zügen zwischen Villach, Graz und Wien erbracht. Nur zwei der RoLa-Züge von Wels nach Sopron wurde montags noch mit 1047 bespannt.
Zum Winterfahrplan 2008/2009 war für die Maschinen folgender Umlauf vorgesehen:

Tag 1:
Salzburg 2:18 – EN 463 – 8:50 Budapest 11:10 – EC 964 – 14:08 Wien West 15:50 – EC 965 – 18:48 Budapest 20:40 – EN 462 – 3:18 Salzburg
Tag 2:
Salzburg 5:00 – IC 745 – 8:27 Wien West 11:44 – IC 640 – 14:50 Salzburg 16:08 – IC 691 – 19:18 Wien West 20:40 – IC 744 – 23:52 Salzburg
Tag 3:
Budapest 5:55 – D 346 – 8:59 Wien West 18:50 – D 347 – 22:23 Budapest
Tag 4:
Budapest 9:10 – EC 962 – 12:08 Wien West 17:50 – EC 967 – 20:48 Budapest

Im Oktober 2011 wurden die Maschinen in 470 501 bis 470 505 umgezeichnet.

Gelb und grün sind die Grundfarben der GySEV-Maschinen. So lackiert fährt die 470 502 am 9. Oktober 2022 mit einem Schnellzug durch Bad Vöslau. Nach einem ÖBB-Wagen sind fünf blau/weiße Wagen von MÁV-START eingereiht. | *Foto: R. Beier*

Ab September 2013 gab es einen fünftägigen Umlauf, in dem u. a. Sopron, Gyor, Szentgotthárd und Szombathely angefahren wurden. Eine Lok stand als Reserve in Sopron. Ab Dezember 2013 wurden dann wieder IC-Züge nach Budapest gebracht.

Ab Dezember 2015 waren die von der GySEV bei den ÖBB angemieteten Loks der Baureihe 1116 bis München unterwegs. Sie erreichten die bayerische Landeshauptstadt mit den Zugpaaren EN 462/463 und EC 110/111. Im Oktober 2015 gingen die letzten Mietloks an die ÖBB zurück und als Ersatz mietete die GySEV neuere »Vectrons« der Baureihe 193 von der European Locomotive Leasing ELL GmbH mit Sitz in Wien an. Trotzdem beförderten die Taurus in ihrem fünftägigen Plan weiterhin hochwertige Züge. Erst die GySEV-eignen »Vectrons« verdrängten die Baureihe 470.5 aus den diesen Leistungen. Nun waren Personen- und Güterzüge das tägliche Brot der Maschinen.

2017 bekamen die Loks ihre Zulassung in Italien. Das Land erreichten sie mit Zügen des kombinierten Ladungsverkehrs. Ab Dezember 2017 standen dann auch wieder IC-Leistungen im Dienstplan.

Auch die GySEV nutzte ihre Taurus als Werbeträger. So wurde die 1047 504 anlässlich des Haydn-Jahres 2009 mit Folien dekoriert. Im April folgte mit 1047 505 die zweite Werbelok. Sie erinnerte an den 150. Todestages des Reformers und Politikers Istvan Széchenyi. Die dritte im Bunde war die 1047 503. Sie wies am Oktober 2010 auf den 200. Geburtstag und den 125. Todestag des Komponisten Franz Liszt hin. Eine Aufstellung weiterer Werbeloks befindet sich im Kapitel 9 »Statistik«.

Am 17. Juli 2019 stehen die mit Folien beklebten 470 501 und 470 504 in Karlsruhe Rbf. Die 470 501 erinnert an den 175. Geburtstag der Kaiserin »Sisi«. Die 470 504 wirbt für die eigene Bahngesellschaft. | *Foto: M. Dostal*

Recht dunkel ist die Beklebung der 470 505 ausgefallen. Sie weist auf ein Europa ohne Grenzen seit 25 Jahren hin. Die Aufnahme entstand am 4. Juli 2020 in Györ. | *Foto: R. Beier*

Die von der GySEV genutzte ÖBB 1116 062 hatte am 18. Mai 2007 einen schweren Unfall, bei dem sie stark beschädigt wurde. Die Lok rollte unbesetzt vom italienischen Tarvisio Boscoverde bis nach Villach Fürnitz, wo sie in einem Bogen mit etwa 140 km/h entgleiste und sich überschlug. Sie wurde wieder aufgebaut und war auch 2023 noch in Dienst. (HW Linz, 28. Februar 2008) | *Foto: R. Beier*

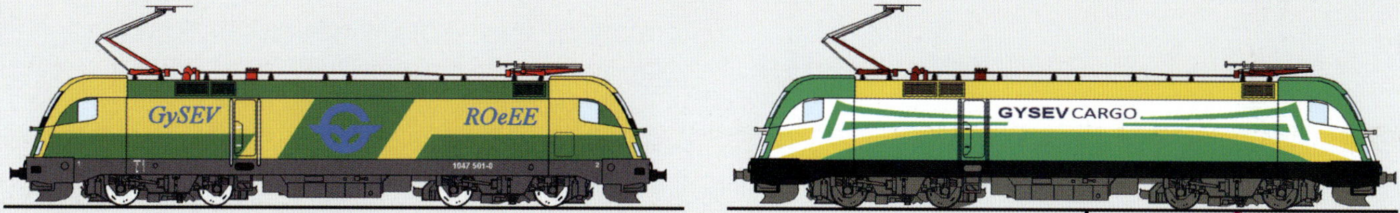

Farbgrafiken der Maschinen der GySEV (links) und von GySEVCargo (rechts). | *Grafiken: H. Sölch*

Auch an den berühmten Komponisten Franz Liszt erinnerte die GySEV mit einer Lokomotive. 470 503 bespannt einen Güterzug 19. Oktober 2012 bei Brigittenau, dem 20. Wiener Gemeindebezirk. | *Foto: R. Beier*

Die Mittelweserbahn (MWB) hatte die 182 911 und 192 912 im Bestand, die sie meist vor Güterzügen nutzte. Die 182 911 bringt am 17. Mai 2017 einen Container-Zug nach Kornwestheim. Die Aufnahme entstand bei Tamm. | *Foto: M. Dostal*

4.9 Mittelweserbahn GmbH (MWB)

Die Mittelweserbahn GmbH (MWB) existiert seit Ende 1998 und hat ihren Sitz in Bruchhausen-Vilsen. Sie bespannt mit ihren Loks Güter- und Bauzüge in Deutschland und den Nachbarländern und hat dafür 40 Diesel- und Elektrolokomotiven unterschiedlicher Typen im Bestand.

Im Mai 2003 übernahm die MWB ihren ersten Taurus. Die rote Lok war zunächst als 1116 131 für die ÖBB vorgesehen, kam dann aber als 1116 911 in den Bestand der MWB. Dort bekam sie ihre typische asymmetrische Lackierung in Silber und Blau.

Im August folgte als zweite Lok dieses Typs die ebenfalls für die ÖBB vorgesehene 1116 171. Sie bekam bei der MWB die Nummer 1116 912. Diese Lok kam zunächst zur Rhein-Weser-Bahn GbR (RWB), einem Gemeinschaftsunternehmen von EBM Cargo GmbH & Co. KG und MWB. Sie bekam einen rot-silberfarbenen Anstrich und wurde als »Ecco Cargo Austria« zwischen Köln und Salzburg im Güterverkehr eingesetzt.

Nach der Eröffnung des Insolvenzverfahrens gegen EBM Cargo im Jahr 2004 übernahm MWB die Lok und beklebte sie zunächst mit Folien, die Hackschnitzel und das SETG-Logo zeigten, denn die Lok wurde bevorzugt vor einem Hackschnitzelzug von der Salzburger Eisenbahn Transport Logistik GmbH eingesetzt. Nach dem Ende dieses Einsatzes bekam sie das blau-silberfarbene Outfit der 1116 911.

Die MWB übernahm die Beförderung der »Ecco-Cargo«-Züge von Ecco Cargo Austria. Dabei handelt es sich um ein für Einzelwagen und Wagengruppen konzipiertes Güterzugnetz, das mehrmals wöchentlich Züge von Bremen über Köln, Darmstadt, Bamberg, Fürth, Donauwörth nach Salzburg (-Hallein) anbietet. Ab November 2004 bespannte die MWB neben anderen Zügen auch den Ecco-Cargo »Hanseat«.

Weil nun die eigenen Loks nicht mehr ausreichten, mietete man die ES 64 U2-014 an. Sie wurde vor den Zügen »Austria«, »Silvanus« und »Hanseat« eingesetzt. Im April 2005 kam noch die ES 64 U2-045 hinzu, so dass der MWB einschließlich ihre beiden eigenen Maschinen nun vier Loks dieses Typs zur Verfügung standen. Kurz danach wurde die ES 64 U2-046 zurückgegeben und die ES 64 U2-036 kam im Juli 2005 zur MWB.

2007 bekamen die Loks die NVR-Nummern 91 80 6182 911-8 D-MWB und 91 80 6182 912-6 D-MWB.

Zu den beiden eigenen 1216 mietete die MWB immer wieder Loks dieses Typs von MRCE an. So hatte sie unter anderem die ES 64 U2-014 zwischen

Inzwischen haben die beiden Loks ihr Aussehen etwas verändert und sind bei der EVB (Eisenbahnen und Verkehrsbetriebe Elbe-Weser GmbH) eingestellt. (182 911, Hamburg-Harburg, 18. Mai 2022) | *Foto: M. Dostal*

Mit einem kurzen Zug aus vierachsigen Gaskesselwagen ist die 182 912 am 7. Mai 2011 im Maintal bei Tüngersheim unterwegs. | *Foto:* S. Bürgel

Die Maschinen fahren sogar bis weit in den Süden Deutschlands. So konnte die 182 912 am 18. August 2008 in Aßling (Oberbayern) abgelichtet werden. | *Foto: Dr. Ch Schröfl*

Januar 2005 und Januar 2006 sowie zwischen April 2006 und Oktober 2008 in ihrem Bestand. Die ES 64 U2-001 und die 072 fuhren zwischen Juni 2009 und Dezember 2009 für die MWB. Dabei wurde die ES 64 U2-072 bevorzugt vor die »Chemliner«-Züge gespannt, die zwischen Köln, Donauwörth, Großkorbetha und Hannover verkehrten.

1116 912 wurde 2012 kurzzeitig an die Ostdeutsche Eisenbahn GmbH (ODEG) mit Sitz in Parchim vermietet. Dort musste sie die noch nicht zugelassenen neuen Doppelstocktriebwagen vom Typ Stadler KISS (Baureihe 445) im Regionalverkehr vertreten. Im September 2010 übernahm die Eisenbahnen und Verkehrsbetriebe Elbe-Weser GmbH (EVB) die Mehrheit an der Mittelweserbahn und Ende August 2013 ging die MWB vollständig in der EVB aus. Dies macht sich seit 2021 an einer etwas anderen Lackierung und an den neuen Logos an den beiden 1116 äußerlich bemerkbar. Am Einsatz der Maschinen änderte sich nichts.

Strecke Passau – Regensburg am 22. August 2010: Die RTS 1216 901 der Rail Transport Service (Swietelsky) ist mit einem Bettungsreinigungszug der Firma Swietelsky bei Einöd in Richtung Plattling unterwegs. | *Foto: U. Miethe*

Außer vor Bauzüge sind die 1216 der Rail Transport Service GmbH auch vor »normalen« Güterzügen anzutreffen. So befördert die 1216 901 am 13. Mai 2007 einen Zug mit Hochofenschlacke von Linz nach Lorüns (Vorarlberg). | *Foto: Dr. Ch. Schröfl*

4.10 Rail Transport Service GmbH (RTS)

Die Rail Transport Service GmbH (RTS), ein privates österreichisches EVU, ist überwiegend im Güterzug- und Bauzugdienst in Österreich und Deutschland tätig. Das Unternehmen wurde im September 2004 als Tochter der österreichischen Baufirma Swietelsky Baugesellschaft m.b.H. gegründet und hat seinen Sitz in Graz. Im Juni 2006 ging aus der Rail Transport Service GmbH die Tochtergesellschaft RTS Rail Transport Service Germany GmbH mit Sitz in München hervor.

Außer Dieselloks der Reihen 2016 und 2143 hat RTS auch drei eigene Elloks vom Typ ES 64 U4 im Bestand. Die orange-silberfarbenen Maschinen werden als 1216 901 bis 903 geführt. Während die

1216 901 (Fabriknummer 21113) und 902 (Fabriknummer 21123) schon 2007 zu RTS kamen, wurde die 1216 903 (Fabriknummer 21651) erst im April 2011 übernommen. Weil diese noch nicht geliefert worden waren bzw. nicht ausreichten, mietete RTS zwischen April 2006 mit Unterbrechungen bis September 2008 die ES 64 U2-017 von Siemens/MRCE an. Ab Mai 2007 war sie unter RTS-Regie auch für die TX Logistik AG im Einsatz.

Werden die Loks nicht selbst von RTS benötigt, können sie angemietet werden. So war 1216 901 von November 2007 bis Februar 2008 an die Salzburger Lokalbahn SLB vermietet, die mit der Lok Güterzüge von Lokomotion bespannte. Im Januar 2013 war sie einige Tage für die Ostdeutsche Eisenbahn GmbH (ODEG) mit RegionalExpress-Zügen im Raum Berlin unterwegs.

Seit April 2016 wurde die 1216 902 mehrfach verkauft, so an die ÖBB-Produktion GmbH in Wien und im September 2019 an das staatliche Eisenbahnverkehrsunternehmen ČD (Ceské dráhy, a.s.) in Tschechien. Auch die 1216 903 ging im September 2019 an die ČD. Beide Loks sind inzwischen seit April 2020 nach nötigen Umbauten in der typischen blau-weißen Lackierung der ČD unterwegs.

Auf diesem Bild ist gut die Mehrsystemausstattung mit vier Stromabnehmern auf dem Dach der 1216 903 zu erkennen, als sie am 8. August 2014 bei Stuttgart-Bad Cannstatt unterwegs ist. | *Foto: M. Dostal*

Die Wiener Lokalbahn GmbH (WLB) und ihre Cargosparte (WLC) mieten immer wieder Lokomotiven der Baureihe 182 an. Dazu gehört auch die ES 64 U2-066 (182 566) von MRCE, die am 10. Juli 2007 aus Würzburg ausfährt. | *Foto: M. Dostal*

4.11 Wiener Lokalbahnen GmbH (WLB)

Die Wiener Lokalbahnen GmbH (WLB), 1888 gegründet als Aktiengesellschaft, ist ein Verkehrsunternehmen, das zunächst Transportleistungen im Großraum Wien erbrachte. 1999 bekam die WLB die Zulassung als EVU auf den Gleisen der ÖBB. Nachdem 2001 auch die benötigte Sicherheitsbescheinigung vorlag, konnte die WLB ihr Einsatzgebiet auf ganz Österreich und ins Ausland ausweiten.

Weil dafür keine eigenen Lokomotiven vorhanden waren, wandte sich die WLB an den Siemens-Lokpool und mietete folgende Maschinen an:

ES 64 U2-019 03.2005	ES 64 U2-033 08.2004 – 08.2004
ES 64 U2-020 10.2001	ES 64 U2-035 05.2006
ES 64 U2-021 11.2003	ES 64 U2-049 10.2005 – 01.2006
ES 64 U2-022 03.2004	ES 64 U2-060 05.2006
ES 64 U2-023 06.2005	ES 64 U2-064 03.2006 – 04.2006
ES 64 U2-024 08.2004	ES 64 U2-068 06.2008
ES 64 U2-027 08.2003	ES 64 U2-073 06.2009 – 10.2009

Auch vor Sonderzügen sind die Maschinen der WLC anzutreffen. So hatte die 1216 951 am 5. Mai 2018 einen historischen TEE-Zug nach Berlin Ostbahnhof zu bringen, den sie in wenigen Sekunden erreicht. | *Foto: M. Dostal*

Dazu kam ab November 2004 noch die ES 64 U2-040, die von der Logistik Service GmbH (LogServ) an die WLB untervermietet wurde.

Anders als bei anderen Loks aus dem Siemens-Pool wurden bei den von der WLB gemieteten Loks nicht nur die Seitenwände, sondern auch die Stirnseiten farblich angepasst, so dass die Loks in Gelb-Blau unterwegs sind bzw. waren.

Die 1216 954 der WLC durchfährt den Regensburger Hauptbahnhof mit einem Hödlmayr-Autozug in Richtung Nürnberg. Die Lok ist mit passenden Folien des Logistikunternehmens »Hödlmayr International AG« beklebt. | *Foto: U. Miethe*

In Fürth wartet die 1216 955 mit einem Containerzug am 28. März 2015 auf Ausfahrt. Sie wirbt für die Roland Spedition GmbH mit Sitz in Schwechat (Österreich). | *Foto: Th. Estler*

Im April 2007 wurde die Gütersparte der WLB als eigenständige Tochter ausgelagert und fortan als Wiener Lokalbahn Cargo GmbH (WLC) geführt. Mit den angemieteten Loks konnten aber nicht alle angefragten Leistungen erbracht werden, weil die Zweisystem-Maschinen vom Typ ES 64 U2 nicht in alle angefragten Länder fahren können. Deshalb beschloss die WLC, eigene Loks zu beschaffen.

Die Wahl fiel dabei auf die ES 64 U4 von Siemens. So kam als erste 1216 950 (Fabriknummer 21320) im Januar 2009 zur WLC. Sie konnte den Bedarf aber nicht decken, weshalb kurz danach noch die 183 704 (21605) und 705 (21606) folgten. 2011 gingen dann die 1216 953 (21414) und 954 (21415) für die WLC in Betrieb und 2012 folgte schließlich die 1216 955 (21671). Sie stammt aus dem von Siemens auf eigene Kosten gebauten Vorrat und trägt einen weißen Anstrich. Seit 2012 ist sie mit Folien beklebt und wirbt für die Spedition Roland GmbH mit Sitz in Schwechat. Alle Loks der WLC können in Deutschland, Österreich, der Tschechischen Republik und Ungarn eingesetzt werden und bespannen Güterzüge im grenzüberschreitenden Verkehr zwischen Deutschland und dem Balkan.

4.12 Arriva/Vogtlandbahn

Ende 2001 stellte die Deutsche Bahn AG ihre InterRegio-Verbindungen zwischen Oberstdorf und Regensburg über München ein. Um aber weiterhin ein ausreichendes Zugangebot auf diesen Strecken bieten zu können, schrieb der Freistaat Bayern den Betrieb über die Bayerische Eisenbahngesellschaft (BEG) aus. Den Zuschlag bekam die »Länderbahn«, ein Konsortium aus der Regentalbahn AG und der EuroThurbo GmbH. Die Regentalbahn AG befand sich seinerzeit zu 100 % im Besitz der Arriva Deutschland GmbH. Zum Konzern der Regentalbahn AG gehört unter anderem die Vogtlandbahn GmbH.

Die Vogtlandbahn GmbH beschaffte 2007 für ihre Reisezüge zwischen München und Regensburg vier Lokomotiven vom Typ ES 64 U4-G. Die Maschinen wurden der Produktionsreihe der 1216 für die ÖBB entnommen und an die Anforderungen der Vogtlandbahn angepasst. So sind die als 183 001 bis 004 eingereihten Lokomotiven nicht viersystemfähig, sondern können nur mit 15 kV/16,3 Hz und 25 kV/50 Hz Wechselspannung betrieben werden. Sie gehören somit eigentlich zum Typ ES 64 U2 und dürfen nur in Deutschland und Österreich eingesetzt werden. 2009 kam mit 183 005 eine weitere Maschine zur Vogtlandbahn.

Alle Loks bekamen einen türkisblauen Anstrich mit hellgrauen Absetzflächen und gelben Zierstreifen. Im Oktober 2010 bekam 183 001 eine Beklebung, die auf das Jubiläum »175 Jahre Eisenbahn in Deutschland« hinwies. Als Motive wurden Details der ersten in Deutschland eingesetzten Dampflok »Adler« verwendet. Seit 2020 wirbt die pinkfarbene 183 005 für den Beruf als Lokführerin und spricht damit gezielt Frauen an. Die Loks der Baureihe 183 sind nur zwischen München und Regensburg am Zug. In Regensburg wird auf die von Siemens gebauten Dieselloks der Reihe ER 20 »Eurorunner« umgespannt.

Die 183 002 der Länderbahn durchfährt am 17. April 2010 auf ihrer Fahrt mit dem ALX 87013 von Regensburg nach München diese kleine Feldwegbrücke vor Langenbach (Obb). | *Foto: U. Miethe*

Die 183 004 verlässt am 16. März 2013 mit dem ALX 8410 Hof – München den Bahnhof Freising. | *Foto: U. Miethe*

Die Züge mit den Nummern 350 bis 357 fahren weiter bis Prag und halten bis Regensburg Hbf nur in München Hbf, Freising, Landshut, Neufahrn und Regensburg Hbf. Züge mit den Nummern 841xx haben bis Regensburg Hbf auch noch Zwischenstopps in Moosburg, Ergoldsbach und Neufahrn (Niederbayern). Sie enden in Hof. 183 004 war im Januar 2013 auch für die Ostdeutsche Eisenbahn GmbH (ODEG) im Raum Berlin unterwegs, wo sie für die noch nicht einsatzfähigen Doppelstock-Triebwagen vom Typ »KISS« (Baureihe 445) einsprang.

Die 183 005 »alexa« wirbt für Frauen in Berufen bei der Eisenbahn, beispielsweise als Lokführerin. Am 29. Mai 2023 passiert sie mit dem ALX RE 2/RE 25, 79861/361 von München Hbf nach Hof Hbf/Domazlice den S-Bahn-Haltepunkt Donnersberger Brücke. | *Foto: U. Miethe*

Eine weitere Werbelok der Länderbahn ist die 183 001, die an den 175. Geburtstag der Eisenbahn in Deutschland erinnert. Sie steht am 25. Juni 2012 mit dem ALX 84108 in München Hbf. | *Foto: M. Dostal*

Mit dem ALX 87004 ist die 183 001 am 29. April 2010 zwischen München und Freising bei Pulling unterwegs. Im Zug laufen unter anderem ein Doppelstockwagen und ein Halbspeisewagen in TEE-Lackierung mit. | *Foto: Dr. Ch. Schröfl*

4.13 Salzburger Lokalbahn (SLB)

Die Salzburger Lokalbahn (SLB), seit 2000 ein Tochterunternehmen der Salzburg AG, betreibt eigene Bahnstrecken zwischen Salzburg und Lamprechtshausen sowie zwischen Bürmoos und Trimmelkam, außerdem übernimmt sie Zugförderleitungen auf anderen Strecken. Dazu nahm sie im Dezember 2008 mit der SLB 91 (1216 940) ihren ersten Taurus in Betrieb. Die rote Lok gehört zum Typ ES 64 U4-G und ist in Österreich und Deutschland zugelassen.

Sie bespannt unter anderem Containerzüge zwischen Salzburg und Hüttau. Die Züge wurden bis dahin von der angemieteten 1216 922 von Adria Transport bespannt, die im Dezember 2011 an die Eigentümerin zurückgegeben werden konnte.

Außerdem bespannte die Lok öfter die Schnee-Express-Sonderzüge zwischen Kufstein und Bludenz bzw. Schwarzach St. Veit. 2012 war die Maschine zeitweise an LOCON und LogServ vermietet. Zu einer Bestellung einer weiteren ES 64 U kam es bis 2013 nicht.

Im Juni 2021 verkaufte die SLB ihre Lok an die DPB Rail Infra Service GmbH in Frauental. Dabei tauschte die Lok ihr rotes Farbkleid gegen ein blau-schwarzes mit Eigenwerbung für DBP.

Die Salzburger Lokalbahn (SLB) hatte nur die 1216 940 im Bestand, die sie aber inzwischen an die DPB Rail Infra Service GmbH in Wien abgegeben hat. Die Aufnahme entstand am 22. Juni 2011. | *Foto: R. Meier*

Zur Beförderung ihrer InterCity-Züge beschaffte die PKP zehn Mehrsystem-Lokomotiven vom Typ ES 64-U4-D. Mit dem EC 44 »Berlin-Warszawa-Express« ist die 37 007 am 3. Juni 2011 in der Berliner Wuhlheide unterwegs. | *Foto: M. Dostal*

4.14 Polskie Koleje Państwowe« (PKP)

Um ihren Lokpark im Bereich Fernverkehr zur verjüngen, bestellten die polnischen Staatsbahnen Polskie Koleje Państwowe (PKP) im Juni 2008 zehn Lokomotiven des Typs ES 64 U4-D bei Siemens. Die Loks wurden zwischen Mai 2009 und Juni 2010 geliefert und als 183 601 ff. (»Husarz« – Husar) in den Bestand eingereiht. Nach den nötigen Zulassungsfahrten werden die Loks seit Juli 2010 vor den EuroCity-Zügen des »Berlin-Warszawa-Express« eingesetzt. Zudem bespannen sie den D 444/445 und den EN 446/447. Aber auch für den grenzüberschreitenden Verkehr in die Tschechische Republik können sie eingesetzt werden. Inzwischen wurden die blau-silberfarbenen Loks in 370 001 bis 370 010 umgezeichnet.

2012 fand die UEFA Fußball-Europameisterschaft in Polen und der Ukraine statt. Dies nutzten die Polnischen Staatsbahnen PKP, um auch ihre Lokomotiven nach österreichischem Vorbild mit den Flaggen der Teilnehmerländer zu bekleben. Außerdem warben die Maschinen noch für die polnischen Stadien, in denen die Fußballspiele stattfanden. Weil aber nicht genügend ES 64 U4 für alle teilnehmenden Länder zur Verfügung standen, wurden auch Fahrzeuge der Reihe EP 09 mit Länderfarben beklebt.

Auch die PKP beklebt ihre »Taurus«-Maschinen regelmäßig mit neuen Werbefolien. So auch die EU 44-001 (370 001). Sie erinnert an hundert Jahre polnische Republik von 1918 bis 2018. Mit einem russischen »Talgo«-Zug steht sie am 18. März 2019 in Berlin-Lichtenberg. | *Foto: M. Dostal*

Fußball-Loks UEFA Europa-Meisterschaft 2012 der PKP

370 001-7	Polen
370 002-5	Russland
370 003-3	Dänemark
370 004-1	Ukraine
370 005-8	Deutschland
370 006-3	Tschechische Republik
370 007-4	Stadion Narodowy
370 008-2	Stadion Wroclaw
370 009-0	Stadion Gdansk
370 010-8	Stadion Miejski W Poznaniu
EP09-010	Spanien
EP09-018	Niederlande
EP09-020	Kroatien
EP09-022	Griechenland
EP09-023	Portugal
EP09-026	Italien
EP09-032	Schweden
EP09-034	England
EP09-036	Irland
EP09-042	Frankreich
EP09-044	England

Zur Fußball-Europameisterschaft in Polen gestaltete auch die PKP Fußballloks. Dazu gehörte auch die 370 010, die auf das Stadion Miejski W Poznaniu aufmerksam machte. Am 23. Juni 2012 erreicht sie Rzepin. | *Foto: Th. Estler*

Die 370 004 »Ukraine« hat am 22. September 2012 Berlin Ostbahnhof fast erreicht, als sie mit dem EC 44 »Berlin-Warszawa-Express« den S-Bahn Haltepunkt Warschauer Straße passiert. | *Foto: Th. Estler*

Der Fernsehturm am Alexanderplatz in Berlin bildet den Hintergrund für die 370 010, die am 19. Juni 2014 mit dem EC 55 »Berlin-Gdansk-Express« die deutsche Hauptstadt Richtung Polen verlässt. | *Foto: Th. Estler*

Die mgw hatte die 183 500 als »Ersatzlok« im Bestand. Sie wurde Kunden zur Verfügung gestellt, während deren Loks zur Aufarbeitung bei der mgw weilten. Sie konnte aber auch angemietet werden. Am &. September 2006 befördert sie einen Messzug durch Würzburg Hbf. | *Foto: M. Dostal*

4.15 mgw Service GmbH & Co. KG

Die mgw service GmbH & Co. KG mit Sitz im Kassel ist ein Unternehmen, welches sich um die Instandhaltung von Schienenfahrzeugen kümmert. Bringen kleinere EVU ihre Loks zur Revision zu mgw, können währenddessen aber nicht auf eine Lok verzichten, bietet mgw eine Ersatzlok an. So kam mit der mgw service GmbH & Co KG im Jahr 2008 ein weiteres Unternehmen hinzu, das Loks vom Typ ES 64 U4 in seinen Bestand aufnahm. Die unter der Fabriknummer 21315 im Jahr 2008 produzierte Maschine kam als 183 500 zur mgw. Das dunkelblaue Exemplar gehört zur Unterbauart ES 64 U4-B und ist somit eine echte Viersystem-Lok.

Außer der 183 500 hält das Unternehmen noch die ebenfalls dunkelblaue Zweisystem-Maschine 185 642 vor, die allerdings im schwedischen Hallsberg beheimatet ist.

Werden die Loks nicht als Ersatzmaschinen benötigt, können sie bei mgw auch angemietet werden. Deshalb sind sie vor nahezu allen Zuggattungen in ganz Deutschland und dem benachbarten Ausland anzutreffen. So war 183 500 im Sommer 2009 an die Eisenbahngesellschaft Potsdam (EGP) vermietet, danach war sie kurzzeitig für die Logistik & Consulting AG (Locon) im Einsatz.

Ab Anfang 2011 erfüllte 183 500 Aufgaben für TX Logistik, dabei erreichte sie ab Mitte des Jahres den österreichisch-italienischen Grenzbahnhof Brenner. Danach fuhr sie für Salzburger Eisenbahn Transportlogistik GmbH (SETG).

Nachdem die mgw sich die beiden »Vectron« 193 845 und 846 als Gewährleistungsloks beschafft hatte, verkaufte sie ihren Taurus im Januar 2019 an die RailAdventure GmbH in München.

Vor einem Güterzug wartet die 183 500 am 13. Mai 2015 in Hanau auf Ausfahrt. | *Foto: Dr. B. Domagalski*

4.16 Adria Transport / Logistik- und Transport-GmbH (LTE)

Die Graz-Köflacher Bahn und Busbetrieb GmbH (GKB) ist eine österreichische Privatbahn mit über 150-jähriger Geschichte. Sie betreibt in der Steiermark die Bahnlinien Graz – Lieboch – Köflach (Köflacherbahn) und Graz – Lieboch – Wies-Eibiswald (Wieserbahn). Sie ist zwar eine »Privatbahn«, gehört aber zu 100 % dem österreichischen Staat. Inzwischen hat die GKB zusammen mit anderen Unternehmen Tochterfirmen wie die Logistik- und Transport-GmbH (LTE) oder die Adria Transport d.o.o. gegründet und bietet so Eisenbahndienstleistungen in ganz Europa an.

Die Adria Transport d.o.o. gehört zu 50 % der GKB und zu 50 % der slowenischen Eisenbahngesellschaft Luka Koper d.d. mit Sitz in Koper. Neben der Abwicklung des größten Teils des

Die vier »Taurus«-Maschinen von Adria Transport/LTE gehören zum Typ ES 64 U4-B. Sie werden bei Bedarf vor allen Zuggattungen eingesetzt. So zieht 1216 920 am 23. März 2012 einen Zug aus Getreidewagen den Main entlang. | *Foto: Th. Estler*

Güterverkehrs vom und zum Hafen in Koper gehört auch die Beförderung von Kerosinzügen zum Flughafen Wien-Schwechat sowie Leistungen im Güterverkehr in Deutschland zu den Betätigungsfeldern der Adria Transport.

Zum Fahrzeugbestand gehören außer den angemieteten Loks der Baureihe 185 inzwischen auch vier Lokomotiven vom Siemens-Typ ES 64 U4-B, die als Reihe 1216 bezeichnet wurden. Die 1216 920, 921 und 922 fahren für Adria Transport, die 1216 910 für LTE. Alle vier blau/silberfarbenen Loks sind bei der GKB als betreuendes EVU eingestellt. Inzwischen wurden die drei Loks von Adria Transport getauft. Sie tragen folgende Namen: 1216 920 »Marija«, 1216 921 »Tamara« und 1216 922 »Vanja«. Die 1216 910 von LTE wurde zwischenzeitlich in den Typ ES 64 U4-C umgebaut.

Die 541-019 gehört zum Typ ES 64 U4-B2, von dem die SŽ 22 Maschinen nutzen. Außerdem haben die SŽ mit 541-101 bis 110 auch Loks in ihrem Bestand, die nach Italien fahren können, was mit 541-001 ff nicht möglich ist. (23. Dezember 2014)
| *Foto: Dr. Ch. Schröfl*

Die 541-101 dient bei den SŽ als Werbelok. Außer als »Cola-Dose« war sie auch schon für einen österreichischen Hersteller von Kristallglas unterwegs. Die Aufnahme entstand am 18. April 2012 in Stuttgart-Bad Cannstatt.
| *Foto: M. Dostal*

4.17 Slovenske železnice (SŽ)

2006 begann die Fertigung der Dreisystem-Variante des Taurus, den die ÖBB als Reihe 1216 in Dienst stellte. Die Loks haben zusätzlich eine Ausrüstung für 3 kV Gleichspannung und können somit – mit den passenden Sicherheitseinrichtungen – auch in Italien und Slowenien eingesetzt werden. Kurz darauf beschloss die Slowenische Staatsbahn SŽ ebenfalls die Beschaffung solcher Maschinen. Zunächst wurden zehn Exemplare bestellt, die in Deutschland, Österreich und Slowenien eingesetzt fahren dürfen. Die roten Loks wurden als 541-001 bis 541-010 bezeichnet und gehören zur Variante ES 64 U4-B2. Zum Fahrplanwechsel 2006/2006 begann der Plandienst der Maschinen, der außer grenzüberschreitenden Güterzugleistungen auch Leistungen im Personenverkehr vorsah. Dazu wurde zunächst ein dreitägiger Umlaufplan aufgestellt, der im Sommer 2007 auf sieben Tage erweitert wurde. Damit die SŽ auch Güterzüge nach Italien bespannen kann, wurden weitere zehn Lokomotiven beschafft. Diese Loks wurden als 541-101 bis 541-110 in Dienst gestellt. Sie gehören zur Variante ES 64 U4-F. Die beiden Ausführungen unterscheiden sich besonders durch die italienische Zugsicherung, die in den Loks 541-101 bis 541-110 eingebaut ist. Außerdem haben alle Loks eine in Italien vorgeschriebene automatische Feuerlöscheinrichtung. Der Auftrag über diese zwanzig Maschinen hatte einen Wert von 80 Millionen Euro.

2009 kamen noch die Loks 541-011 bis 541-022 dazu, so dass der Bestand nun 32 Exemplare umfasst. Während die Loks der Unterbaureihe 541-0 überwiegend zwischen Slowenien und Österreich eingesetzt wurden, kamen die 541-1 nach Italien, Kroatien, Österreich und Ungarn.

Die 541 101 der SŽ trug bereits zahlreiche unterschiedliche Beklebungen, so warb sie schon für die Alpenkonvention, für die bayerisch-österreichische Landesausstellung 2012, Waffeln von Manner und Klebeband von Scotch. | *Grafiken: H. Sölch*

Die in der linken Spalte abgebildeten Maschinen warben für folgenden Produkte (von oben nach unten): 541 002 für Innofreight, 541 013 für das Getränk »Almdudler«, 541 016 erinnerte an Albert Einstein und 541 101 an Leonardo Da Vinci. | *Grafiken: H. Sölch*

Die in der rechten Spalte abgebildeten Maschinen warben für folgenden Produkte (von oben nach unten): 541 101 für Swarovski, 541 104 für Adria Kombi, 541 104 für Bananen von Chiquita und 541 104 für den Bekleidungshersteller Mammut. | *Grafiken: H. Sölch*

Das schwedische Eisenbahnverkehrsunternehmen Hector Rail ist auch in Deutschland tätig und befördert hier Güter- und Reisezüge. Am 17. März 2018 zieht die 242.504 »Mr. Potatoe Head« einen Autozug durch Bremen Hbf. | *Foto: Th. Ester*

4.18 Hector Rail

Hector Rail ist ein schwedisches Eisenbahnverkehrsunternehmen im Güterverkehr mit Sitz in Stockholm. Im Dezember 2004 begann der Betrieb von Hector Rail im Güterzugbereich mit angemieteten Loks der schwedischen Reihe Rc. Bald darauf interessierte sich das Unternehmen für die österreichischen Loks der Reihen 1142 und 1012 und führte mit Maschinen dieser Reihen einige Testfahrten in Schweden durch.

Zunächst wurden drei Loks der Reihe 1142 gekauft und eine weitere angemietet. Später kamen weitere sechs hinzu. 2012 hatte Hector Rail zwölf Loks dieses Typs als Baureihe 142 im Bestand. Im März 2006 wurden zwei der ursprünglich für SBB Cargo vorgesehenen Loks vom Typ ES 64 F4 übernommen und als Reihe 441 bezeichnet.

Am 5. Mai 2018 hat dieselbe Lok den »Flixtrain« LOC 1818 nach Berlin Ostbahnhof gebracht. | *Foto: M. Dostal*

Im Jahr 2007 übernahm Hector Rail zehn Zweisystem-Lokomotiven vom Typ TRAXX F140 AC für den Einsatz nach Dänemark und reihte sie als Reihe 241 001 bis 012 in den Bestand ein. Zur selben Zeit wurden von den ÖBB die drei Lokomotiven der Reihe 1012 gekauft und als 141 001 bis 003 bezeichnet. Inzwischen hatte Hector Rail sein Einsatzgebiet immer weiter nach Süden ausgedehnt und fährt seit 2008 durchgehende Güterzüge zwischen Norrköping und Wanne-Eickel.

Im August 2010 reihte Hector Rail seine erste ES 64 U2 in seinen Lokpark ein. Es handelte sich aber nicht um eine neue Lok, sondern um die ES 64 U2-031 aus dem MRCE-Pool, die den Besitzer wechselte. Die Lok wurde grau-orangefarben lackiert und in 242.531 »LaMotta« umgezeichnet.

Die 112 184 von DB Regio und die 242.504 von Hector Rail treffen am 7. Mai 2018 in Berlin-Lichtenberg aufeinander. | *Foto: M. Dostal*

Mit ihren grünen Aufschriften macht die 242.517 »Fitzgerald« am 8. September 2021 in Karlsruhe Gbf auf die Nutzung nachhaltig erzeugten Stroms aufmerksam. | *Foto: M. Dostal*

Sie wird in Skandinavien, aber auch in Deutschland vor Güterzügen eingesetzt und war zunächst nur angemietet, ging aber 2011 in das Eigentum von Hector Rail über.

Die erste direkt gekaufte Maschine war die ES 64 U2-003. Sie stammt ebenfalls von MRCE und ging im Dezember 2010 fest an Hector Rail. Sie wurde in 242.503 »Balboa« umgezeichnet. Im gleichen Monat folgte die ES 64 U2-016. Sie fährt heute als 242.516 »Ferdinand«. 2011 wechselten die ES 64 U2-017 und die ES 64 U2-532 von MRCE zu Hector Rail und werden dort als 242.517 »Fitzgerald« und 242.532 »Lightyear« geführt. Als vorerst letzte Maschinen wechselten die ES 64 U2-502 und ES 64 U2-504 zu Hector Rail. Sie behielten zunächst die Nummern 182 502 und 504, wurden später aber in 242.502 »Zurg« und 242.504 »Mr. Potatoe Head« ungezeichnet und tragen den typischen Anstrich mit grauem Kasten und orangefarbenem Rahmen.

4.19 RailAdventure GmbH

Die RailAdventure GmbH mit Sitz in München hat sich bevorzugt der Überführung und Inbetriebnahme neuer Schienenfahrzeuge verschrieben. Da die neuen Fahrzeuge oft nicht aus eigener Kraft fahren dürfen, sind eigene Loks zur Beförderung notwendig.

Neben den Einzelstücken 103 222 und 139 558 hat RailAdventure auch fünf Exemplare der Baureihe 111 sowie die Schweizer Re 620 003 und mehrere Dieselloks, darunter die 2016 902, im Bestand. Um ihre Dienste auch systemübergreifend anbieten zu können, entschloss sich die Gesellschaft zur Beschaffung von Mehrsystemlokomotiven vom Typ »Taurus«. Als erstes übernahm RailAdventure im Januar 2019 die 183 500 von mgw. Im Mai 2023 folgte dann noch die 190 311 von InRail aus Italien. Beide Maschinen haben eine Zulassung für Deutschland und werden im typischen grauen RailAdventure-Anstrich auch hierzulande eingesetzt.

Die 190 311 war zunächst in Italien unterwegs bevor sie von RailAdventure übernommen wurde. Am 5. Oktober 2023 wartet sie in Böblingen auf ihre nächste Aufgabe. | *Foto: M. Dostal*

Die 183 701 Siemens/PRESS wurde am 22. Oktober 2010 in Linz/Österreich für Werbeaufnahmen der damals noch jungen RailAdventure GmbH mit einer entsprechenden Beklebung versehen, und diese nach den Fotos am 23. Oktober 2010 wieder entfernt. Hier steht die Lok gemeinsam mit der 1063 002 in der Remise der ZF Linz. | *Foto: U. Miethe*

RailAdventure-Sonderzug zur Münchner Sicherheitskonferenz von Berlin Hbf nach Bad Doberan, bestehend aus 183 500, dem »Luxon«-Aussichtswagen und der 4185 011 am 14. Oktober 2021 in Berlin Hbf. | *Foto: U. Miethe.*

Die 183 500 steht mit dem Siemens Mireo Akku 563 003 abfahrbereit als DPrb 84131 Rheydt – Tharandt in Dresden Altstadt. | *Foto: U. Miethe*

Am Abend des 19. Dezember 2020 hat die 183 500 mit vier Kuppelwagen Böblingen erreicht. | *Foto: M. Dostal*

4.20 Steiermarkbahn Transport und Logistik GmbH

Auch die Steiermarkbahn Transport und Logistik GmbH mit Sitz in Graz nutzt zwei Maschinen vom Typ »Taurus«. Das Unternehmen wurde am 19. Juli 2000 und nahm 2012 die 183 712 (1216 960) und 2015 die 183 717 in ihren Bestand auf. Beide Maschinen gelangten direkt vom Hersteller Siemens zur Steiermarkbahn und wurden dort mit weiß/grünen Folien beklebt. 1216 960 trägt seit Januar 2021 Werbung für Partnerschaft mit der Eishockeymannschaft Graz 99ers. Zum weiten Fahrzeugbestand gehören fünf Maschinen der Reihe 1142 und immer wieder zweitweise angemietet Loks aus dem MRCE-Mietpool. Dazu kommen noch mehrere Dieselloks, darunter die 2048 024 und 035 sowie die drei Exemplare vom Typ ER 20.

Die Steiermarkbahn bietet bevorzugt die Bedienung von Anschlussbahnen an, ist aber auch mit Ganzzugverkehr in Österreich und im umliegenden EU-Gebiet unterwegs. Daneben werden Leistungen im Personenverkehr und Sonderfahrten auf dem Netz der ÖBB erbracht.

Am frühen Abend des 29. Oktober 2014 ist die 1216 960 der Steiermarkbahn mit einem Kesselwagenzug auf der Schwäbischen Alb bei Beimerstetten unterwegs. | *Foto: Th. Estler*

Die 183 717 der Steiermarkbahn Transport und Logistik GmbH aus Graz hat einen RegioJet am Haken als sie am 4. August 2022 durch Győr fährt. | *Foto: R. Beier*

4.21 Advanced World Transport (AWT)

Die Firma Advanced World Transport a.s. (AWT) mit Sitz in Ostrava (Tschechien) ist ein privater Anbieter von Schienengüterverkehr in Europa. Seinen Ursprung hat das 2010 gegründete Unternehmen in den Werkbahnen des Bergbauunternehmens Ostravsko-karvinské doly. Seit Mai 2015 ist die Firma ein Tochterunternehmen der PKP Cargo.

2013 kaufte das Unternehmen die 183 714, 718 und 719 direkt aus dem Siemens-Bestand. Die weißen Lokomotiven können in der Tschechischen Republik, Deutschland, Österreich und Ungarn eingesetzt werden. Sie sind mit den Sicherheitssystemen LZB/PZB und MIREL ausgestattet, können aber auch mit anderen Systemen bestückt werden.

Eine der wenigen ES 64 U4, die nach Italien gingen, ist die 1216 301 (E 190 301) der Ferrovie Udine Cividale (FUC) mit Sitz in Udine. Mit ihr und der 1216 302 werden Reisezüge zwischen Villach und Udine bespannt. | *Foto: Siemens-Pressebild*

Am 26. Juni 2012 wurde die 190 314 von Herstellerwerk in München-Allach mit eigener Kraft als Leerfahrt noch ohne Beschriftungen nach Italien zu InRail überführt, hier bei Aßling in Oberbayern. | *Foto: M. Dostal*

4.22 Italien

4.22.1 Ferrovie Udine Cividale SRL (FUC)

Im Oktober 2010 bestellte das italienische Eisenbahnverkehrsunternehmen Ferrovie Udine Cividale SRL (FUC) bei Siemens zum Stückpreis von je 3,8 Millionen Euro zwei Lokomotiven vom Typ ES 64 U4. Ende 2010 war die erste im Werk Linz gebaute Maschine fertig. Sie bekam einen Anstrich mit roten Köpfen und roten Dachschrägen, die Seitenwände wurden blau und weiß. Ihre Nummer lautet 190 301 (1216 301). Ende Januar 2011 wurde sie nach Italien überführt. Im April 2011 wurde die 190 302 nach Italien gebracht. Die Maschinen sind für einen Einsatz vor Reisezügen zwischen Villach und Udine vorgesehen. Dazu riefen die Regionen Friaul-Julisch Venetien in Italien und das Land Kärnten in Österreich eine grenzüberschreitende Eisenbahnverbindung ins Leben. Die Züge laufen unter dem Namen

»Micotra« (Miglioramento Collegamenti Transfrontalier). Das Wagenmaterial stammt von den ÖBB. Der Fahrplan wurde so ausgelegt, dass alle Verbindungen von nur einer Garnitur gefahren werden können.

4.22.2 InRail

Auch das italienische EVU InRail S.p.A. hatte Anfang 2011 zwei Loks des Typs ES 64 U4 bestellt. Wieder kamen die Loks aus dem Bestand von Siemens. Deshalb konnte die erste als 190 311 (1216 311) bezeichnete Lok schon im März 2011 von München nach Italien überführt werden. Die 190 312 (1216 312) folgte im Juni 2011. Die Loks werden im Güterverkehr zwischen Norditalien, Österreich und Slowenien eingesetzt. Als dritte ES 64 U4 kam die 190 314 im Frühjahr 2012 zu InRail.

Im Sommer 2012 vermietete InRail die 190 314 an FuoriMuro Servizi Portuali e Ferroviari S.r.l (FM) mit Sitz in Genua. Dieses Unternehmen hatte auch die 190 313 im Bestand, die sie von Siemens direkt angemietet hatte. Mit diesen beiden Maschinen wickelte FM bis zu Lieferung eigener Loks vom Typ »Vectron« seinen Betrieb ab.

Im Mai 2023 verkaufte InRail die 190 311, die den Namen »Lia« trug, an die RailAdventure GmbH, München, die damit ihren zweiten »Taurus« in den Bestand aufnahm.

4.22.3 Compagnia Ferroviaria Italiana (CFI)

Als dritte italienische Bahn bestellte die Compagnia Ferroviaria Italiana (CFI) im Juni 2011 zwei Exemplare vom Typ ES 64 U4. Die erste, als 190 321 bezeichnete Maschine kam im Dezember 2011 in Udine an, die 190 322 folgte im Januar 2012. Die Loks werden zwischen Terni und Civitavecchia in der Nähe von Rom eingesetzt. 190 322 hatte im Januar 2022 einen schweren Unfall im Rangierbahnhof von Orbassano (Torino), als sie frontal mit den »Vectron« 191 024 von EVM Rail zusammenstieß.

In Rom bespannt die 190 321 der Compagnia Ferroviaria Italiana S.p.A. am 11. Juni 2016 einen Güterzug. | *Foto: Th. Estler*

5 MECHANIK

Beim mechanischen Teil zeichnet sich der »Taurus« durch einen voll abgefederten Hohlwellenantrieb mit einer Zugkraftübertragung durch einen tief liegenden Drehzapfen aus. Damit können 230 km/h gefahren werden.

Die Aufnahme zeigt die 1116 096 sowie eine unbekannt gebliebene nachschiebende 1116 vor EC 113 am 29. Juli 2017 auf der Geislinger Steige kurz vor Amstetten. Die Aufnahme entstand vom Mühltalsfelsen aus. | *Foto: Ch. Kissel*

5.1 Drehgestelle

Der Rahmen des Drehgestells setzt sich aus den beiden in der Mitte weit nach unten gekröpften Langträgern, dem tief angeordneten Mittelquerträger und den beiden Kopfträgern zusammen. Er besteht aus Kastenprofilen und ist komplett geschweißt.

Drehgestelle, Antrieb und Bremsen des »Taurus« sind für eine Höchstgeschwindigkeit von 230 km/h ausgelegt. Dämpfer im Drehgestell sowie zwischen Drehgestell und Lokkasten sollen für einen ruhigen Lauf sorgen. | *Foto: M. Dostal*

Crash-Elemente an den Stirnseiten der Lokomotiven sollen Kräfte, die bei Aufstößen entstehen, durch Verformung aufnehmen und so den Lokführer und den Rest der Maschine vor Schäden schützen. | *Foto: M. Dostal*

Der tief angeordnete Mittelquerträger mit dem Drehzapfenlager und der ebenfalls tief liegende Drehzapfen vermindern eine ungleiche Lastverteilung auf die Radsätze beim Beschleunigen oder Bremsen. Diese ungleiche Lastverteilung ergibt sich, weil bei der Kraftübertragung zwischen Rad und Schiene sowie zwischen Drehgestell und Lokrahmen – also dem Drehzapfen – ein Drehmoment auftritt, welches den hinteren Radsatz eines Drehgestells zusätzlich belastet und den vorderen entlastet. Dadurch kann die Zugkraft nicht mehr gleichmäßig auf das Gleis übertragen werden. Der Radsatzstand im Drehgestell beträgt 3.000 mm. Dieser große Abstand wurde nötig, um die tief angelenkte Drehzapfenkonstruktion im Drehgestell unterbringen zu können. Zwar ist ein großer Radsatzstand gut für den Geradeauslauf der Lok, aber in Gleisbögen führt er zu größeren Problemen als ein kleiner Radsatzstand. Deshalb haben die Radsätze einseitige Dreieck-Lenker, über die sie mit dem Drehgestell verbunden sind. Diese Lenker ermöglichen durch Gummielemente eine radiale Verschiebung der Radsätze beim Bogenlauf.

Die Monobloc-Räder haben in neuem Zustand einen Durchmesser von 1.150 mm und können um 40 mm abgefahren werden. Ein Rad eines jeden Radsatzes ist direkt mit dem Hohlwellenantrieb verbunden. Hier hat die Radscheibe sechs Anschlüsse, über die sie mit dem Antrieb verschraubt ist. Die andere Radscheibe wird über die Radsatzwelle bewegt. Um die Fahrgeräusche zu vermindern, bekamen die Radscheiben zunächst Schallabsorber aus je drei sichelförmigen Metallplatten pro Radscheibe. Später wurden Metall-Gummi-Absorber verwendet. Diese sind aber nur an den Radscheiben ohne Verbindung zum Antrieb montiert. Die Radscheiben sind auf die Wellen aufgeklebt. Dazu werden die Scheiben erwärmt, die Kontaktfläche mit Kleber beschichtet und durch Erkalten auf die Welle aufgeschrumpft. Zylinderrollenlager überneh-

Eine Neuerung beim Hohlwellenantrieb ist die von der Antriebswelle getrennte Bremswelle mit je zwei Bremsscheiben. Diese Konstruktion hat den Vorteil, dass sich Bremszangen und -scheiben nicht gegeneinander verschieben. Oben: Ansicht mit Bremswelle und Bremsscheiben, unten: Rückansicht.
| *Foto: Siemens-Pressebild*

men die Führung der Radsätze. Um die Zugkraft auch bei nassen oder schmutzigen Gleisen sicher übertragen zu können, lässt sich das Gleis vor dem vorn laufenden Radsatz des vorderen Drehgestells mit Sand bestreuen. Das Gleis vor dem hinteren Drehgestell kann nicht gesandet werden. Die Sandkästen befinden sich am Untergestell unter den Puffern. Sie lassen sich über eine Öffnung in der Rahmenverkleidung befüllen. Damit der Sand im Winter nicht einfriert, kann die Sandstreuanlage elektrisch beheizt werden.

Um die Abnutzung der Schienen und der Radreifen zu vermindern, haben die Lokomotiven eine Spurkranzschmierung der Bauart ÖBB-Sécheron.

Schraubenfedern auf beiden Seiten der Lagergehäuse verbinden die Radsätze mit dem Drehgestellrahmen. Ein hydraulischer Dämpfer über jedem Radsatzgehäuse vermindert die vertikalen Bewegungen zwischen den beiden Baugruppen.

An der Verbindungsstelle zwischen Lang-und Querträger stehen auf jeder Seite zwei Flexicoil-Schraubenfedern nebeneinander auf dem Drehgestellrahmen. Auf diese stützt sich der Lokkasten ab. Zwischen dem Rahmen und den Federn sind Gummielemente eingefügt, die die Übertragung von Schall verhindern sollen. Zapfen auf den Querträgern halten die Federn in Position. Die Federn reichen in den Lokrahmen hinein und vermin-

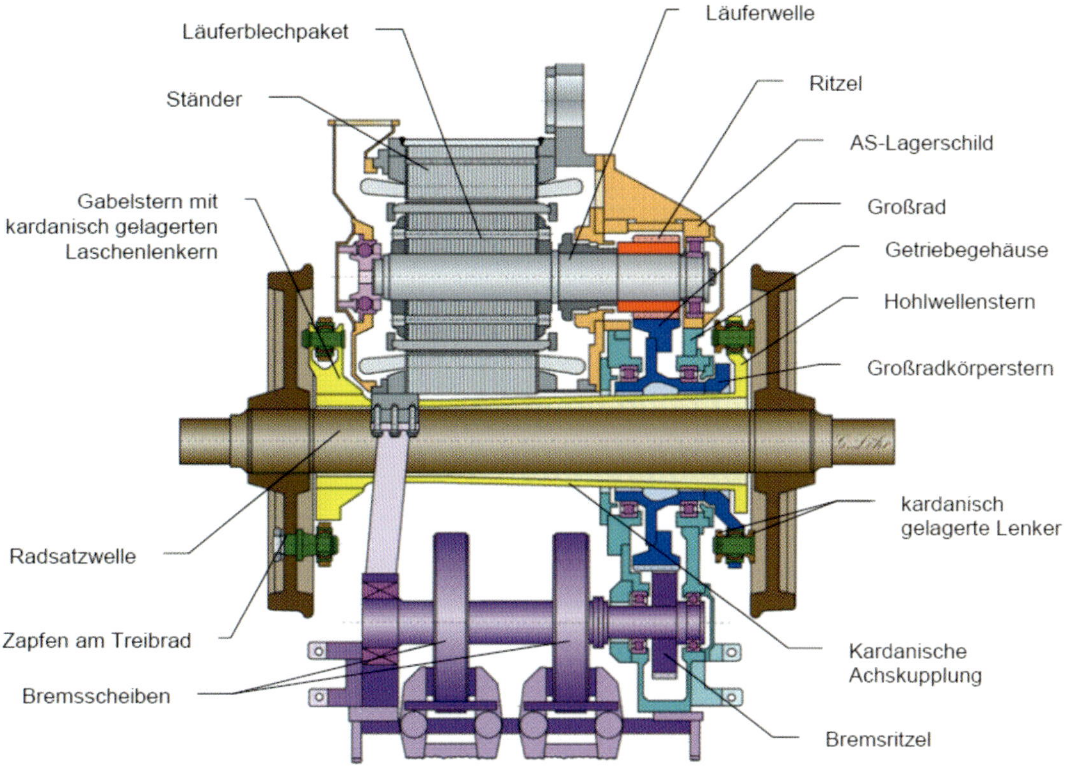

Prinzipskizze des Gummigelenk-Hohlwellenantriebs mit getrennter Bremswelle. | *Grafik: Siemens*

dern so die Wankneigung des Aufbaus. Mehrere hydraulische Dämpfer zehren vertikal und horizontal auftretende Bewegungen auf. Antennen und Magnete der Zugsicherungssysteme sind an Konsolen montiert, die an die Drehgestelle angeschweißt sind. Als Neuerung haben die Drehgestelle der ES 64 U einen Querbalken zwischen den Radsätzen, der bei Entgleisungen den tief liegenden Transformator vor Beschädigung schützen soll. Entgleist die Lok nämlich, so setzt sie auf diesen Balken auf, der sich nur knapp über der Schienenoberkante befindet, und versinkt nicht im Gleisbett. Somit bekommt der Trafo keinen Kontakt mit den Gleisen und wird nicht beschädigt.

Der Fahrmotor, das Getriebe und die Bremswelle sind im Drehgestellrahmen an drei Punkten aufgehängt. Der Motor ist sowohl vertikal als auch horizontal vollständig abgefedert und gedämpft.

5.2 Der Antrieb

Weil der Taurus bis zu einer Geschwindigkeit von weit über 200 km/h eingesetzt wird, konnte der bei der langsamen Baureihe 152 verwendete Tatzlagerantrieb nicht genutzt werden. Man griff deshalb auf den voll abgefederten Hohlwellenantrieb mit einer Zugkraftübertragung durch einen tief liegenden Drehzapfen zurück, der bereits ausgiebig im EuroSprinter getestet und für tauglich befunden wurde.

Der vollabgefederte »Hochleistungsantrieb mit Bremswelle« (HAB) besteht aus dem Fahrmotor, dem Getriebe und dem Bremswellenaggregat. Bei diesem Hohlwellenantrieb wird das Drehmoment des Antriebsmotors mit einem Ritzel aus dem Motor über ein schräg verzahntes Getriebe auf ein Großzahnrad geleitet, das über Gummigelenk-

Zwei Flexicoil-Federn auf jeder Seite der Drehgestelle tragen den Lokaufbau. Schienenräumer an den Außenseiten der Drehgestelle befördern kleinere Gegenstände von den Gleisen.
| *Foto: Siemens-Pressebild*

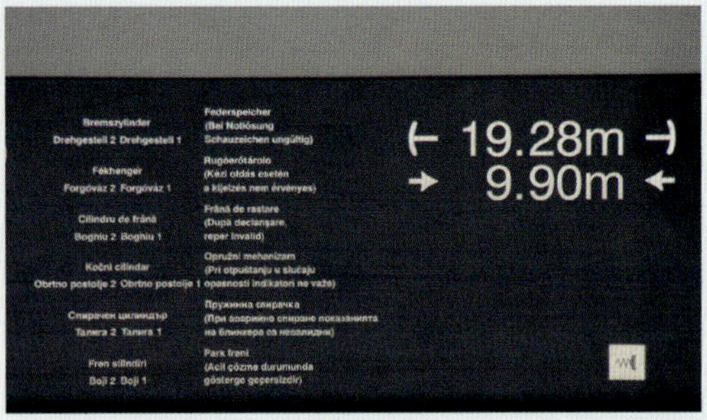

Weil die Maschinen in zahlreichen Ländern eingesetzt werden können, tragen sie Anschriften in mehreren Sprachen.
| *Foto: M. Dostal*

Kardanlenker mit der Hohlwelle verbunden ist. Diese Hohlwelle umschließt die Radsatzwelle. Von der Hohlwelle gelangt das Drehmoment über den Gabelstern auf weitere Kardanlenker, die auf der einen Seite mit der Hohlwelle, auf der anderen Seite über sechs Radbolzen mit der Radscheibe verbunden sind. Von dort wird das Moment über die Radsatzwelle auf die andere Radscheibe und schließlich von beiden Rädern auf das Gleis übertragen.

Die Fahrmotoren sind an drei Stellen voll abgefedert im Drehgestell befestigt, somit sind sie unabhängig vom Lokaufbau und von den ungefederten Massen abgekoppelt. Die mit Gummilagern ausgestatteten Kardanlenker nehmen bei dieser Konstruktion die Bewegungen zwischen den Radsätzen und dem Antrieb auf.

Die Besonderheit des hier verwendeten Gummigelenk-Hohlwellenantriebs sind die separaten Bremswellen, die mit je zwei Bremsscheiben bestückt sind.

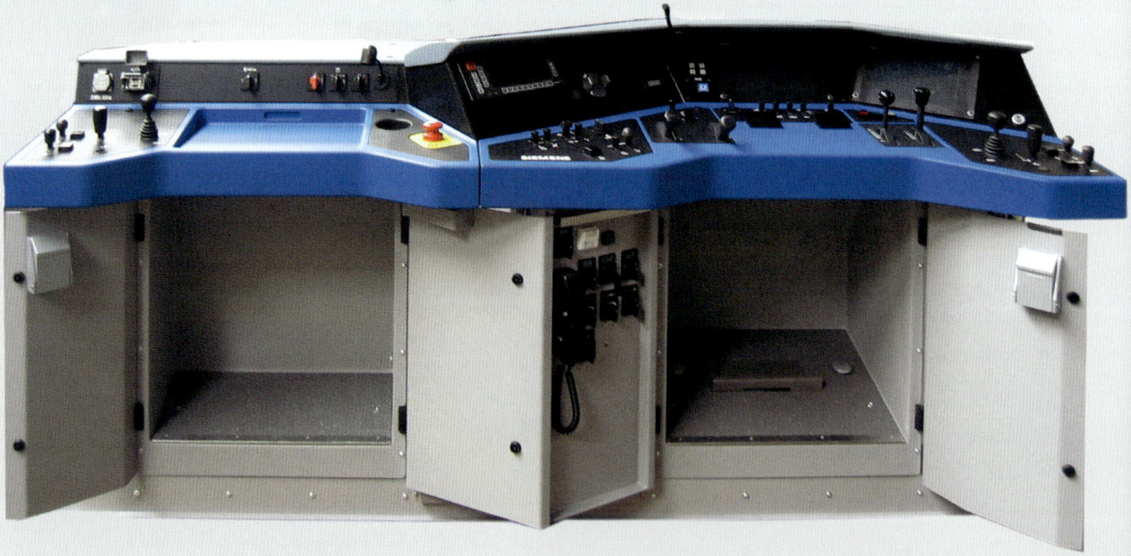

Die Führertische in den ES 64 U sind nach ergonomischen und sicherheitstechnischen Vorgaben gestaltet. Obwohl die Loks in zahlreiche Länder verkauft werden, sitzt der Triebfahrzeugführer immer rechts.
| *Foto: Siemens-Pressebild*

5.3 Bremse

Die Bremse des Taurus besteht aus den Komponenten:

- mehrlösige, indirekt wirkende, selbsttätige Druckluftbremse,
- elektro-dynamische Bremse (E-Bremse) rückspeisend,
- elektrisch gesteuerte direkte Bremse (Zusatzbremse),
- Federspeicherbremse (Festhaltebremse).

Wie bei den meisten modernen Elloks entschied man sich auch hier für Scheibenbremsen. Dadurch wird der Verschleiß der Räder verringert, der bei Klotzbremsen auftritt, wenn diese auf die Laufflächen der Radscheiben wirken. Neu ist allerdings die Montage der Bremsscheiben auf einer von der Radsatzwelle unabhängigen Bremswelle. Diese Ausführung heißt »Hochleistungsantrieb mit Bremswelle« (HAB) und hat mehrere Vorteile. So können die Bremsscheiben ausgewechselt werden, ohne dass der ganze Antrieb auseinandergenommen werden muss. Außerdem sind hier Bremszangen und Bremsscheiben im gleichen Rahmen gelagert und können sich deshalb nicht gegeneinander bewegen. Somit ist immer ein optimaler Kontakt zwischen Zangen und Scheiben und damit eine optimale Bremsleistung gewährleistet.

Jeder Radsatz hat seine eigene Bremswelle, die in Richtung der Außenseite des Drehgestells montiert ist und die mit zwei ungeteilten, von innen belüfteten Bremsscheiben bestückt ist.

Auf jede Bremsscheibe wirkt eine Bremszange, deren Beläge aus Sintermetall sich an beide Seiten der Bremsscheibe anlegen. Die Bremskraft der Zange wird über die Bremsscheiben auf die Bremswelle übertragen, die mit einem Zahnrad in das Großrad des Hohlwellenantriebs eingreift und so die Hohlwelle und damit den Radsatz abbremst.

Eine Federspeicherbremse soll verhindern, dass die Lok selbstständig wegrollt. Bei dieser Bremskonstruktion werden die Bremssohlen durch Federkraft an die Bremsscheiben gedrückt. Die Federspeicherbremse kann durch Druckluft aus dem Bremszylinder gelöst werden. Ein zugehöriger Taster ermöglicht die Bedienung von den Führerräumen aus.

Außerdem ist ein Schalter für diese Bremse am Langträger unter dem Führerstand 1 montiert. So kann die Bremse auch von außen angelegt werden. Die Federspeicherbremse dient auch als Notbremse für die Lok, denn fällt der Druck im Bremszylinder ab, so legt sich die Federspeicherbremse automatisch an und die Lok wird gestoppt.

Um eine Überlastung des Bremsgestänges zu verhindern, wenn die Federspeicher angelegt und volle Bremszylinderdruck vorhanden ist, ist eine Entlastungsschaltung eingebaut, die bewirkt, dass die Bremsluft sowohl in die Bremszylinder als auch in die Federspeicherbremszylinder strömt. Die Federspeicher werden so gelöst, wie die Kraft der Druckluftbremse zunimmt. Dadurch wird die Bremskraft des Federspeichers um den Betrag verringert, der durch den Druck im Bremszylinder erzeugt wird.

Die Lokomotiven 1116 004, 037 und 038 haben eine sogenannte »Putzklotzbremse«. Sie dient zum Reinigen und Aufrauen der Laufflächen an den Radsätzen und soll so den Reibwert zwischen Rad und Schiene gleichmäßig hochhalten. Die Bremse kann über eine Taste im Fahrpult manuell vom Lokführer ausgelöst werden. Eine Sicherheitseinrichtung verhindert eine Überhitzung der Bremse oder eine Überbremsung.

5.4 Bremssteuerung

Die Lokomotiven haben eine mehrlösige, indirekt wirkende, selbsttätige Druckluftbremse und eine direkt wirkende Zusatzbremse, die elektrisch gesteuert wird und nur auf die Lokomotive wirkt. Dazu kommt noch eine elektro-dynamische Bremse. Sie wird im Kapitel 6 »Elektrik« näher vorgestellt.
Beim Bremsen bedient der Triebfahrzeugführer das Bremsventil der Bauart Knorr-HSM auf der rechten Seite des Steuerpults. Die Impulse werden auf einen Bremsrechner übertragen, der aus zwei selbstständigen Modulen besteht. Diese Redundanz liefert die nötige Sicherheit gegen Ausfälle der Bremsanlage. Der Bremsrechner leitet seine Befehle an einen Wandler weiter, der die digitalen Signale in Druckänderungen in der Bremsleitung umwandelt.

Sollten beide Bremsrechner ausfallen, so kann der Lokführer den Zug abbremsen, indem er die Bremsleitung manuell entlüftet.

Die Bremse kann in den Stellungen »G« für Güterzüge, »P« für Personenzüge und »R« für Schnellzüge (»rapid«) betrieben werden. In der Stellung »R« erfolgt bei einer Geschwindigkeit von 160 km/h eine Änderung des Bremsdrucks. Unterhalb von 160 km/h beträgt der maximale Bremsdruck 3,1 bar, über 160 km/h nur 1,6 bar. Diese Umschaltung ist der Bremscharakteristik der Scheibenbremse geschuldet.

Die Zusatzbremse kann in den Stellungen »Volllösen«, »Lösen«, »0«, »Bremsen« und »Vollbremsen« betrieben werden. Sie wird über einen eigenen Hebel im Führerpult bedient.
Außerdem haben die ES 64 U eine elektropneumatische Bremssteuerung mit indirekter Wirkung. Mit ihr werden die Bremsventile der Wagen außer über die Druckluftleitung auch elektronisch gesteuert, was ein gleichmäßigeres Abbremsen der Züge ermöglicht. Laufen im Zug auch Wagen ohne elektropneumatische Bremse mit, kann diese Einrichtung von der Lokomotive aus ausgeschaltet werden.

Die Loks sind mit einer schnell wirkenden Knorr-Druckluftbremse mit Scheibenbremse und Zusatzbremse ausgestattet. Eine elektro-pneumatische Notbremsüberbrückung ist ebenfalls vorhanden. Worauf die Bremsanschrift <R> KE-GPR-E mZ (D) [ep] hinweist. | *Foto: M. Dostal*

Damit ein mit einem Taurus bespannter Zug nach dem Auslösen der Notbremse bei Bedarf noch von einer Gefahrenstelle weg an einen sicheren Ort gefahren werden kann, z. B. aus einem Tunnel heraus oder von einer Brücke herunter, haben die Loks eine Notbremsüberbrückung (NBÜ).

Eine computergesteuerte, radsatzselektive Gleitschutzeinrichtung verhindert das Durchrutschen der Radsätze beim Bremsen mit direkter und indirekter Bremse. Dazu erfassen Fühler die Drehzahlen an allen Fahrmotoren und allen Radsätzen der Lokomotive. Sollten diese Daten nicht exakt miteinander übereinstimmen, erkennt die Anlage das Gleiten eines oder mehrerer Radsätze und regelt sofort die Bremskraft beim betroffenen Radsatz.

Wird außerdem die elektrische Bremse genutzt, greift der Gleitschutz zusätzlich in die Antriebsregelung ein.

5.5 Druckluftanlage

Beim Taurus besteht die Druckluftanlage aus drei Hauptbauteilen:

- der Drucklufterzeugung,
- der Druckluftbremse und
- der Versorgung der Hilfsbetriebe mit Druckluft.

Alle Geräte der Druckluftanlage sind in einem Gerüst zusammengefasst, das komplett von oben in die Loks ein- und ausgebaut werden kann. Außer den Kompressoren und den Luftaufbereitern befinden sich auch noch zwei Reserve-Luftbehälter, ein Behälter zur Versorgung der Federspeicherbremse und zwei weitere Behälter für die Stromabnehmer und den Hauptschalter in diesem Gerüst. Alle Behälter haben ein Ventil, mit dem die Druckluft manuell abgelassen werden kann.

Zur Erzeugung der Druckluft saugt ein mit Drehstrom angetriebener Schaufelradkompressor die Luft aus dem Maschinenraum an. Zuvor passiert sie dabei einen Filter. Der Kompressor verdichtet die Luft auf einen Druck von 8,5 bis 10 bar und führt sie, nachdem sie getrocknet und von Ölresten befreit wurde, dem Hauptluftbehälter mit einem Fassungsvermögen 800 l zu. Das Trocknen soll das Einfrieren und eventuelle Korrosion der Druckluftanlage verhindern.

Der Kompressor ist so geschaltet, dass er automatisch anläuft, wenn der Druck im Behälter unter 8,5 bar abfällt. Sind 10 bar erreicht, schaltet sich der Kompressor wieder aus. Zwei Sicherheitsventile am Druckbehälter verhindern einen Überdruck, indem sie sich bei 10,5 bzw. 12 bar öffnen und so den zu hohen Druck abführten. Ein magnetisch gesteuertes Absperrventil verhindert einen Druckverlust bei abgestellter Lokomotive.

Die bei der Verdichtung entstandene Wärme wird über die Kühlluft abgeführt. Auch die Druckluft wird dabei gekühlt, so dass sie den Luftbehälter nicht erwärmt. Ein Radiallüfter saugt die Kühlluft aus dem Maschinenraum an und führt sie am Kompressor vorbei, bevor sie als Warmluft durch Öffnungen im Lokrahmen nach unten ins Freie geblasen wird. Damit sich auch bei ausgefallener Druckluftanlage der Stromabnehmer sicher anheben lässt, verfügt der Taurus über einen Hilfsluftkompressor mit eigenem, kleinem Luftbehälter. Will der Triebfahrzeugführer den Stromabnehmer heben und der Druck im Luftbehälter liegt unter 5,5 bar, so schaltet sich der Hilfsluftpresser ein und hebt den Abnehmer an.
Aus dem Hauptluftbehälter werden direkt gespeist:

- Indirekte Bremse (Vorratsluftbehälter, Steuerventil, Führerbrems-Anlage)
- Makrofone
- Sandanlage
- Spurkranzschmierung
- Seitenspiegel
- Sitz für den Triebfahrzeugführer
- Sonderluftbehälter für Stromabnehmer und Hauptschalter

Über Druckminderventile werden versorgt:
- Direkte Bremse
- Federspeicherbremse
- Stromabnehmer
- Hauptschalter

5.6 Rahmen

Der Brückenrahmen des Taurus ist eine geschweißte Kastenträgerkonstruktion. Er besteht aus den beiden Seitenlangträgern. Diese sind durch die beiden Kopfstücke, die Hauptquerträger mit den Drehzapfen, die Querträger, an denen der Transformator unterflur aufgehängt ist, und weitere Profile miteinander verbunden. In der Mitte des Rahmens

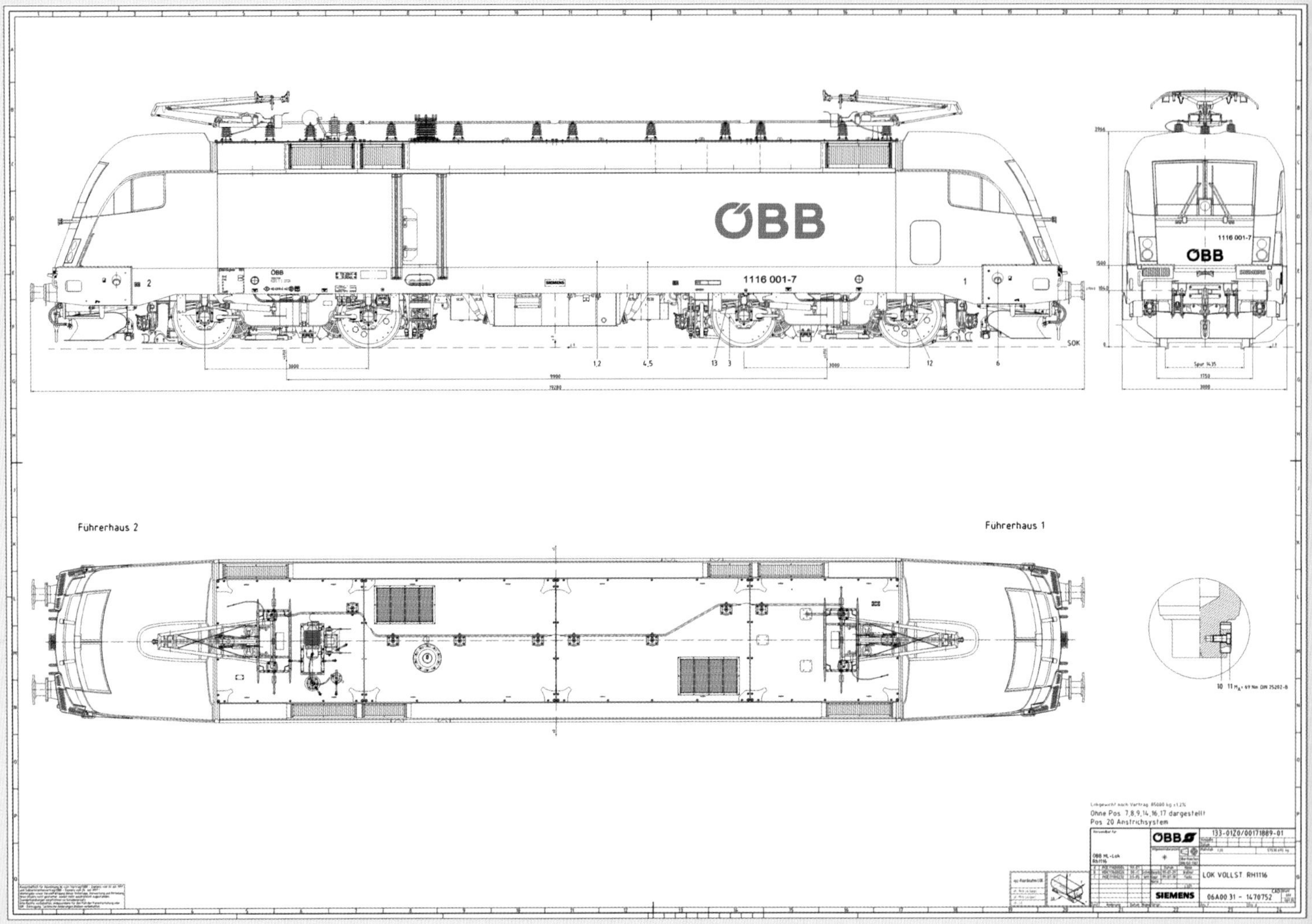

Seitenansicht, Draufsicht und Stirnansicht der Zweisystemvariante ES 64 U2 (ÖBB-Reihe 1116). | *Zeichnung: Siemens*

verläuft ein zusätzlicher Langträger. Seine wichtigste Aufgabe ist es, die Drehmomente der beiden Drehgestelle aufzunehmen, die über die Drehzapfen und die Hauptquerträger in den Rahmen übertragen werden.

Zwischen den Puffern und dem Untergestell sind Crash-Elemente eingebaut, die sich bei einem Aufprall verformen und so Bewegungsenergie in Wärmeenergie umwandeln sollen. Um die Elemente schnell auswechseln zu können, sind sie mit dem Untergestell verschraubt, nicht verschweißt. Die Puffer mit ihren rechteckigen Tellern entsprechen der UIC-Vorgabe 526-1. Sie stammen von Keystone Bahntechnik. Ringfedern und Hydraulikkapseln bremsen die Pufferbewegungen. Für die Zugeinrichtung wählten die Konstrukteure

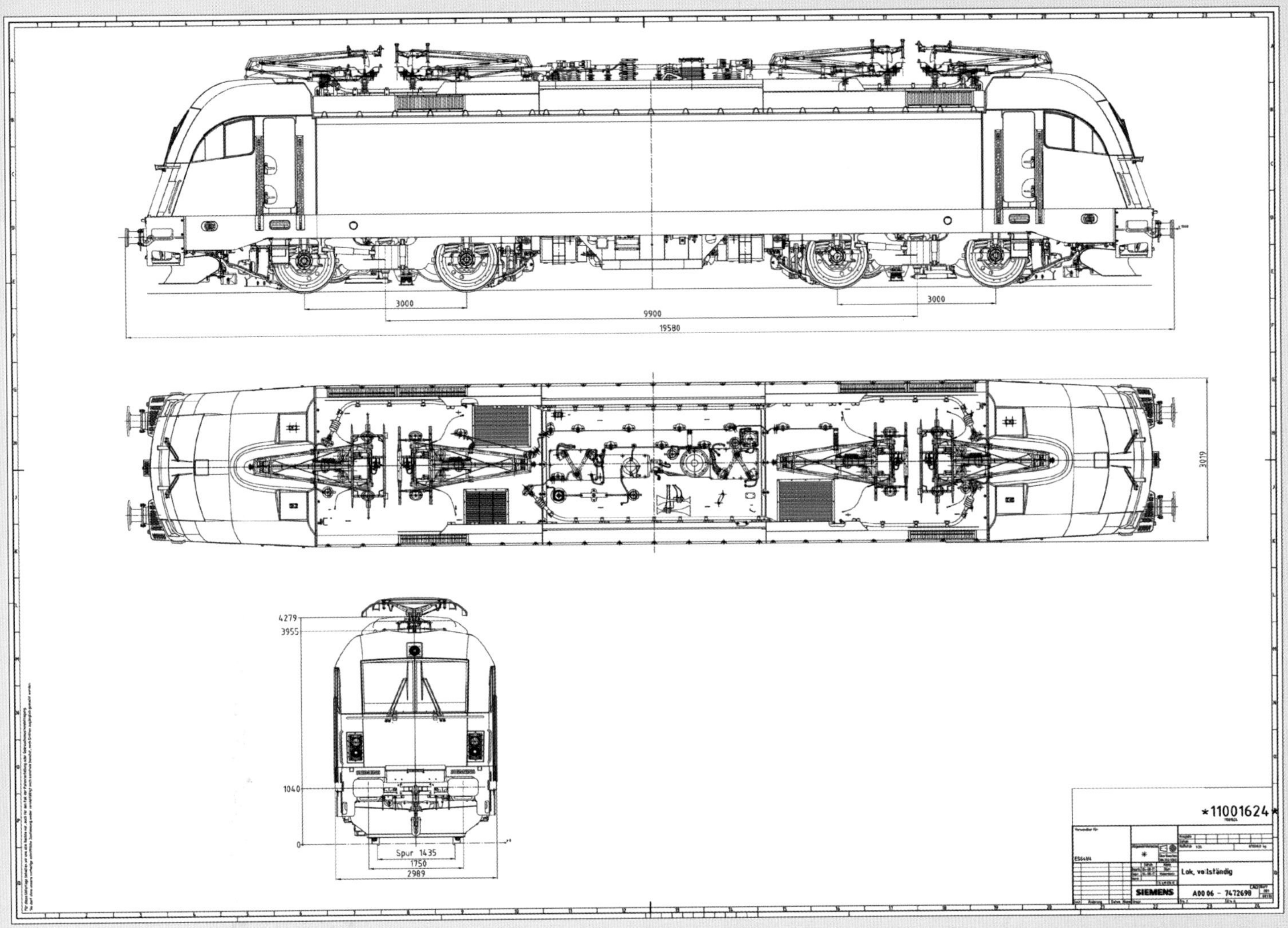

Seitenansicht, Draufsicht und Stirnansicht der Viersystemvariante ES 64 U4 (ÖBB-Reihe 1216). | *Zeichnung: Siemens*

ein Federwerk mit Ringfeder, ebenfalls von Keystone Bahntechnik. Die Zugeinrichtung ist mit normalen Schraubenkupplungen und Zughaken bestückt. Automatische Mittelpufferkupplungen der Bauarten ZAK oder Unicoupler können jedoch nachgerüstet werden. Bei der letztgenannten Bauart kann auf die Seitenpuffer verzichtet werden. Unter den Lokenden hängen einteilige Schneeräumer, die das Gleis in voller Breite räumen. Die Schneeräumer sind höhenverstellbar und können damit auf unterschiedliche Höhen des Kastens eingestellt werden, die durch die Abnutzung der Radreifen verursacht werden. Die Drehgestelle haben einen zusätzlichen Schienenräumer. Er befindet sich nur 100 mm über der Schienenoberkante und räumt somit auch kleine Gegenstände vom Gleis.

5.7 Kasten

Der Lokkasten wurde ähnlich wie beim EuroSprinter in integraler Stahlbauweise gefertigt. Allerdings wurde ein sehr großes Augenmerk auf den Leichtbau gelegt, denn es war ja vorgesehen, die Loks mit zahlreichen unterschiedlichen Ausstattungen liefern zu können und die Gesamtmasse der Lok trotzdem so gering wie möglich zu halten. Zudem mussten die schwereren Drehgestelle mit ihrem Antrieb berücksichtigt werden. Um diese Vorgaben einhalten zu können wurden zahlreiche Teile, wie unter anderem die Dachelemente, die Türen und die Frontschürzen, aus Aluminium gefertigt. Auch durch besondere Aussteifungen konnte die Masse des Kastens gering gehalten werden. Die Bleche der Seitenwände sind mit Streben versteift, denn sie werden ebenso wie die beiden Führerräume als tragende Elemente genutzt.

Schmale Schrägen bilden den Übergang zwischen den Seitenwänden im Dach. Hier befinden sich die Lufteinlassgitter der Fahrmotorkühler. Sie sind so klein wie möglich gehalten, um die tragende Funktion der Schrägen nicht zu verringern.

Drei Spriegel stützen die Seitenwände oben gegeneinander ab. Sie tragen auch die vier einzeln montierbaren Dachsegmente. Nur der vordere untere Teil und die Seitenwände der mehrfach ausgerundeten Führerräume sind aus Stahl gefertigt. Für den oberen Teil, der die Verbindung zum Dach darstellt, wurde glasfaserverstärkter Kunststoff (GFK) verwendet. Die Frontscheiben passen sich in ihrer Krümmung an die sie umgebenden Bauteile an. Aus Wartungsgründen griff man auf eine zweiteilige Frontscheibe zurück. Weil die beiden Teile aber spiegelsymmetrisch sind, müssen immer rechte und linke Scheiben als Ersatzteile vorgehalten werden. Aus gestalterischen Gründen sind die Scheiben größer als der Ausblick aus dem Führerraum. Unten sind sie schwarz eingefärbt und umschließen bei den Reihen 1016, 1116 und den anderen Loks des Typs ES 64 U2 die obere Stirnlampe. Bei der Reihe 1216 und dem parallel gebauten Typ ES 64 U4 wurde das obere Spitzenlicht über die Frontfenster in die Dachrundung verlegt.

Um Unfälle durch auf die Fenster treffende Gegenstände zu vermeiden, wurde für die Fenster Mehrschicht-Verbund-Sicherheitsglas verwendet. Scheibenwischer und eine Waschanlage sollen für eine gute Sicht auf die Strecke sorgen. Außerdem sind alle Fenster beheizbar.

Neben den Seitenfenstern haben die Lokomotiven einen klappbaren Rückspiegel, damit der Lokführer den Zug auch beobachten kann, wenn er nicht zum Fenster hinaussieht. Das Eisenbahn-Bundesamt hat aber die Nutzung der Spiegel während der Fahrt nicht genehmigt, weil die ausgeklappten Spiegel über das Umgrenzungsprofil hinausreichen. Deshalb werden die Spiegel bei einer Geschwindigkeit von 5 km/h automatisch eingeklappt.

Außerdem kann der Lokführer die beheizbaren Spiegel mit einem Fußschalter ein- und ausklappen. Anders als bisher üblich haben die Loks der Reihen 1016 und 1116 nur eine Einstiegstür auf jeder Seite. Sie befindet sich etwas nach rechts versetzt in der Nähe des rechten Radsatzes des linken Drehgestells. Unter der Tür sind Trittstufen montiert, neben ihr sind zwei lange Handstangen. Die Türen sind als einfache, nach innen aufschlagende Drehtüren ohne Fenster mit einer lichten Breite von 650 mm und einer lichten Höhe von 1.675 mm ausgeführt. Damit das Personal sowohl vom Boden als auch von Bahnsteigen aus die Türen bequem öffnen kann, sind an jeder Tür zwei Klinken montiert.

Weil die Türen recht weit von den Führerräumen entfernt sind, ist rechts hinter dem Sitz des Lokführers eine Notausstiegsluke, durch die das Personal die Lok im Gefahrenfall schnell verlassen kann. Der Verzicht auf je eine Einstiegstür pro Seite war ein Wunsch der ÖBB. Der Taurus und die Baureihe 152 haben mit 12.000 mm gleich lange Maschinenräume. Mit zwei Türen pro Seite ergibt sich bei der Baureihe 152 deshalb eine Länge über Puffer (LüP) von 19.580 mm. Weil das ÖBB Technische Services-Werk TS in Linz, in dem die Loks für die ÖBB gebaut wurden, aber nur über eine Schiebebühne verfügte, mit der nur Loks mit einer maximalen LüP von 19.280 mm verschoben werden konnten, musste der Taurus um 300 mm kürzer ausfallen als die Baureihe 152, was zu Lasten der zweiten Tür ging.

Bei der ÖBB-Reihe 1216, der Baureihe 183 und den anderen Drei- und Viersystem-Maschinen kehrte man zur Länge von 19.580 mm zurück und baute wie üblich an den Lokenden auf jeder Längsseite eine Tür ein, die direkt in den Führerraum führt. Bei diesen Loks konnte damit die Notausstiegsluke entfallen.

5.8 Maschinenraum

Wie schon bei der Baureihe 152 wird der Maschinenraum des Taurus durch einen Mittelgang in zwei Bereiche geteilt. Der Transformator ist in der Mitte der Lok unterflur aufgehängt und reicht deshalb nicht in den Maschinenraum hinein. Über dem Transformator wurden rechts und links des Gangs die Traktionsumrichter installiert. Neben den Umrichterschränken stehen auf jeder Seite ein Öl- und ein Wasserkühler, die die Wärme des Transformators und der Stromrichter abführen. Über den Drehgestellen haben die vier Fahrmotorlüfter ihren Platz gefunden.

Wie inzwischen üblich wird die Kühlluft durch die Lüftergitter in den Dachschrägen direkt in die Lüfter angesaugt und gelangt nicht mehr wie früher erst in den Maschinenraum, wo sie dann von den Kühlern angesaugt wurde. Dies verhindert die Verschmutzung des Maschinenraums.

Zusätzlich zu den Fahrmotorlüftern steht über einem Drehgestell das Hilfsbetriebegerüst, über dem anderen Drehgestell stehen die Bremssteuerung mitsamt dem Hauptluftbehälter und die Einrichtungen der Linienzugbeeinflussung (LZB).

Unter dem Mittelgang wird ein Kabelkanal geführt, in dem die elektrischen und pneumatischen Verbindungen verlaufen. An den Enden des Mittelgangs führen zwei luftdicht abschließende Türen in die beiden Führerräume.

5.9 Führerräume

An beiden Enden haben die hier vorgestellten Loks einen klimatisierten und druckgeschützten Führerraum als Arbeitsplatz für den Lokführer. Weil der Taurus aus dem deutschen EuroSprinter entwickelt wurde, entsprechen die Einrichtung und die Anordnung der Steuer- und Überwachungselemente weitgehend dem deutschen Einheitsführerstand, der erstmals bei den Loks der Baureihe 111 eingebaut wurde. Das Führerpult befindet sich deshalb auf der rechten Seite des Führerraums (in Fahrtrichtung gesehen). Hinter dem Führerpult ist ein höhenverstellbarer Sitz am Boden festgeschraubt. Zum einfacheren Einsteigen kann er in Längsrichtung verschoben werden. Verstellbare Armlehnen und Kopfstützen machen das Sitzen bequemer. Vor dem Fahrersitz befindet sich eine extra beheizbare Fußnische im Führerpult, in dem das Sifa-Pedal sowie der Bedienknopf für die beweglichen Außenspiegel und für das Makrofon montiert sind.

Links neben der Fußnische sind an der senkrechten Fläche des Pults der Hörer des Zugbahnfunks sowie die Schalter für die Scheibenheizung, die Fußbodenheizung und die Heizung für die Nische montiert. Darunter befinden sich die Schalter für die Klimaanlage und den Druckschutz.

Außer den großen zweiteiligen Frontfenstern haben die Führerräume zwei Seitenfenster, die als Fallfenster ausgeführt sind. Davor befinden sich zwei kleine feststehende Fenster, durch die der Lokführer in die Außenspiegel blicken kann. Die Frontfenster

Bei den älteren Maschinen liefern noch zwei Rundinstrumente direkt vor dem Triebfahrzeugführer Informationen zur Geschwindigkeit und zur Zug- bzw. Bremskraft. | *Foto: Siemens-Pressebild*

haben Sonnenrollos und können in zwei Stufen beheizt werden. Die erste Stufe dient der Dauerheizung, die zweite zum Abtauen beschlagener und vereister Scheiben. Auch die Spiegel sind beheizbar. Von außen lassen sich die Frontscheiben mittels einer Waschanlage und Scheibenwischern reinigen. Die Scheibenwischer sind nicht mehr wie bei älteren Elloks pneumatisch, sondern elektrisch angetrieben.

Das Führerpult teilt sich in eine waagerechte Ebene auf der alle Bedienelemente montiert sind und eine schräge, zweimal leicht geknickte Ebene mit den Anzeige- und Überwachungselementen.

Klappbare Außenspiegel ermöglichen es dem Fahrzeugführer, auch bei geschlossenem Seitenfenster eine Blick nach hinten entlang des Zugs zu werfen. | *Foto: V. Emersleben*

Technische Daten

Bauart:	ES 64 U1 (1016)	ES 64 U2 (1116)	ES 64 U4 (1216)
Länge über Puffer (mm):	19.280	19.280	19.580
Dienstgewicht (kg):	86.000	86.000	87.000
Höchstgeschwindigkeit (km/h):	230	230	230
Radsatzformel:	Bo'Bo'	Bo'Bo'	Bo'Bo'
Drehzapfenabstand (mm):	9.900	9.900	9.900
Drehgestellradsatzstand (mm):	3.000	3.000	3.000
Raddurchmesser (neu) (mm):	1.150	1.150	1.150
Radsatzlast (kg):	21.250	21.250	21.750
Dauerleistung (kW):	6.400	6.400	6.000
Maximalleistung (kW):	7.000	7.000	6.400
Maximale Anfahrzugkraft (kN):	300	300	300
Stromsysteme:	15 kV~	15 kV~, 25 kV~	15 kV~, 25 kV~, 3 kV=, 1,5 kV=
Stückzahl:	20	387	125

Schalter, die nicht dauernd betätigt und überwacht werden müssen, sind in einer Tafel in der Rückwand des Führerraums hinter dem Fahrersitz zusammengefasst. Weil im Führerraum 1 alle Schalter, im Führerraum 2 jedoch nur die wichtigsten Schalter noch einmal montiert sind, muss die Lok immer vom Führerraum 1 aus fahrbereit gemacht werden.

In der Anzeigenebene blickt der Fahrzeugführer bei den älteren Taurus-Modellen direkt auf zwei große Rundinstrumente. Das rechte zeigt die Geschwindigkeit an, das linke die Zug- oder Bremskraft. Zwischen diesen Instrumenten ist der Balken für die LZB-Zielentfernung zu finden. Ganz links zeigt ein kleines Rundinstrument die Oberspannung an. Unten erkennt der Lokführer zwei Reihen Leuchtmelder. Bei den Loks ab dem Typ ES 64 U4 ist im mittleren Segment statt der Rundinstrumente ein rechteckiges Display eingebaut. Im rechten Segment befindet sich ebenfalls ein großes rechteckiges Display. Ganz rechts kann der Lokführer den Druck im Bremszylinder, im Hauptluftbehälter und in der Hauptluftleitung an Manometern ablesen. Das linke Segment beherbergt die Funkanlage mit ihren Anzeigen und Tasten und die Sprechstelle mit einem Schwanenhals-Mikrofon.

In der Bedienebene sind die Schalthebel und Taster rechts und links einer freien Fläche angeordnet, auf der die Fahrplanunterlagen festgeklemmt werden können. Links neben dieser Fläche befinden sich die Schiebehebel-Fahrschalter für die Geschwindigkeitsvorgabe für die automatische Fahr- und Bremssteuerung (AFB) und die Zugkraftvorgabe. Die beiden rechten Schiebehebel betätigen die elektrische und die indirekt wirkende Druckluftbremse. Damit der Taurus auch im Regionalverkehr eingesetzt werden kann, hat er in der Nähe des rechten Seitenfensters einen Hilfsfahrschalter. So kann der Lokführer beim Anfahren nach hinten blicken und den Zug überwachen. Links vom Fahrersitz steht ein zweiter Sitz für Begleitpersonal.

Ein Feuerlöscher, ein Thermofach, Aschenbecher, Kleiderhaken und Platz für die Buchfahrpläne ergänzen die Einrichtung der Führerräume.

6 ELEKTRIK

Drehstrom-Asynchron-Motoren mit einer Dauerleistung von 1.640 kW und Pulswechselrichter kennzeichnen den Antrieb der Lokomotiven. Dazu kommt ein unterflur aufgehängter Transformator, der einen Mittelgang durch den Maschinenraum erlaubt.

Diese Aufnahme vom 3. Oktober 2014 zeigt einen von 1016 028 geführten Güterzug bei der Ausfahrt aus dem Knotenpunktbahnhof Treuchtlingen auf der Weiterfahrt in Richtung Donauwörth/Augsburg. Er passiert soeben die festungsartig ausgebaute Felsverbauung unmittelbar hinter Treuchtlingen. | *Foto: Ch. Kissel*

Die Stromabnehmer sind so montiert, dass die Schleifstücke möglichst genau über den Drehzapfen der Drehgestelle stehen. | *Foto: M. Dostal*

Bei Bedarf können bis zu vier Stromabnehmer mit unterschiedlichen Schleifstücken auf den Loks montiert werden. | *Foto: M. Dostal*

6.1 Stromabnehmer

Je nach Ausführung haben die Lokomotiven bis zu vier Stromabnehmer auf dem Dach. Diese sind so angeordnet, dass die Schleifstücke möglichst über den Drehpunkten der Drehgestelle liegen. Deshalb zeigen die Kniegelenke der äußeren Abnehmer von der Lok weg, während die der inneren Abnehmer zur Mitte der Lok zeigen. Die Stromabnehmer gehören zur ÖBB Bauart 8e AS und werden von Siemens gebaut. Die von privaten Unternehmen genutzten ES 64 U2 sind mit Stromabnehmern vom Typ 8 WLO 127 bestückt. Die Abnehmer sind für den Einsatz unter den Fahrleitungen der einzelnen Bahnverwaltungen mit unterschiedlichen Wippen bestückt, die von der Schunk Bahn- und Industrietechnik GmbH mit Sitz in Wettenberg produziert wurden. Die beiden äußeren Stromabnehmer sind für den Einsatz unter der deutschen und österreichischen Oberleitung vorgesehen, die inneren Abnehmer werden unter anderen Fahrleitungen verwendet. Die Stromabnehmer werden mit Druckluft gehoben und gleichmäßig an den Fahrdraht angepresst.

Einige Taurus-Lokomotiven haben eine Schleifleistenüberwachung in den Stromabnehmern. Bei dieser Einrichtung ist unter der Schleifleiste, die am Fahrdraht anliegt, ein Luftkanal, der unter Überdruck steht. Bricht die Schleifleiste, entweicht der Druck aus dem Kanal und eine Schaltung senkt den Stromabnehmer sofort ab. So soll eine Beschädigung der Oberleitung vermieden werden.
Der Stromabnehmerwahlschalter befindet sich an der Rückwand im Führerraum 1 und zeigt folgende Stellungen:

- Stromabnehmer 1
- Stromabnehmer Auto
- Stromabnehmer 2
- Stromabnehmer 1 und 2

In Stellung »Auto« wird immer der hintere Stromabnehmer und bei Doppeltraktion jeweils der äußere Stromabnehmer gehoben.

Von den Stromabnehmern aus fließt der Strom über die Hochspannungs-Dachleitung direkt in den Oberspannungswandler, dieser misst die Spannung im Fahrdraht und wandelt sie in eine Messspannung um, die auf dem Führerpult angezeigt wird. Vom Oberstromwandler fließt der Strom weiter zum Hauptschalter. Er ist als elektropneumatisch betätigter Vakuumschalter mit handbetätigtem Erdungsschalter auf dem Dach platziert. Mit dem zweipoligen Erdungsschalter können die Primärwicklung des Transformators, die Stromabnehmer und die Dachleitung geerdet werden.

Auf Trennschalter zwischen den einzelnen Stromabnehmern wurde verzichtet. Sollte in der Oberleitung eine zu hohe Spannung zum Beispiel durch Blitzeinschläge auftreten, die Schäden in der Lok verursachen könnte, erkennt dies der Oberspannungswandler und leitet sie über den Überspannungsableiter ab. Der Überspannungsableiter besteht aus Metalloxid-Widerständen, die ab einer bestimmten Spannung durchlässig werden. Klingt die Spannung wieder ab, so »schließen« sich die Widerstände wieder und es fließt so gut wie kein Strom mehr durch sie hindurch.

Der Oberspannungswandler ist vor dem Hauptschalter in den Stromkreis eingebaut, damit der Lokführer auch bei ausgeschalteter Lok die Fahrdrahtspannung ablesen kann.

Anders als bei der Baureihe 152 konnte die Hochspannungsverbindung zwischen den Stromabnehmern nicht im Maschinenraum verlegt werden, sondern musste auf Isolatoren auf dem Dach montiert werden. Auch der Oberspannungswandler befindet sich außerhalb der Lok auf dem Dach.

Der Vakuumhauptschalter ist möglichst verschleißfrei konstruiert und wird mit Druckluft eingeschaltet, dabei wird eine Feder gespannt. Der Schalter wird mit Elektromagneten geschlossen gehalten. Tritt eine Störung auf, schaltet sich der Magnet aus und die Feder öffnet den Hauptschalter mechanisch. So wird gewährleistet, dass der Schalter sicher ausschaltet, wenn die Spannung ausfällt. Vom Hauptschalter fließt der Strom nun über den Oberstromwandler zur Stufenwicklung des Haupttransformators. Der Oberstromwandler stellt die Verbindung zwischen der Dachausrüstung und dem Innenraum der Loks her, er wird deshalb auch als Durchführungswandler bezeichnet.

6.2 Transformator

Der Transformator konnte dank seiner flachen Bauweise komplett unterflur zwischen den Drehgestellen aufgehängt werden. So bleibt der Maschinenraum für andere Einrichtungen frei. Der Eisenkern des Trafos besteht aus speziellen Stahlblechen, die zwei Schenkel bilden. Diese sind durch zwei Joche miteinander verbunden. Für die Wicklungen wurde Kupferdraht verwendet. Damit die vom Trafo erzeugte Wärme sicher und schnell abgeführt werden kann, wird er mit Öl gekühlt, das mit zwei Pumpen zunächst durch den Trafo gedrückt wird, sich dabei erwärmt und dann in die beiden Kühltürme gelangt, die im Maschinenraum stehen. Dort erfolgt die Wärmeabgabe an die Kühlluft, die ebenfalls durch die Türme gefördert wird. Das abgekühlte Öl fließt wieder in den Trafo. Die Füllhöhe des Öls lässt sich durch ein Schauglas im Ausdehnungsgefäß kontrollieren. Ein Buchholzrelais überwacht den Zustand des Öls und löst bei Ölverlust oder Blasenbildung im Öl und bei anderen Schäden im Transformator oder an der Isolierung einen Alarm aus. Zusätzlich wird der Hauptschalter ausgeschaltet und gesperrt und die Lok somit von der Stromzuführung getrennt. Der Lokführer wird über das Display im Führertisch hiervon unterrichtet.

Der flache Haupttransformator wurde unterflur unter dem Lokrahmen aufgehängt. So bleibt der Maschinenraum für andere Aggregate und einen durchgehenden Mittelgang frei. | *Foto: Siemens-Pressebild*

Die ÖBB verwenden zur Kühlung Mineralöl, während sich die DB bei ihren Neubauloks für ein synthetisches Estergemisch entschieden hat. Im Kühlkreislauf zirkulieren 2.500 l Öl bzw. Gemisch.

Die Sekundärseite des Trafos ist in mehrere Wicklungen aufgeteilt, so dass unterschiedliche Spannungen für die verschiedenen Einrichtungen abgegriffen werden können. So gibt es sechs sogenannte Traktionswicklungen, an denen eine Spannung von 1.260 V für die Stromrichter entnommen werden kann.

Eine Hilfsbetriebewicklung liefert eine Spannung von 344 V. Sie versorgt den Hilfsbetriebeumrichter. Die Heizung des Führerraums wird aus einer Hilfsbetriebewicklung mit einer Spannung von 200 V gespeist. Eine weitere Wicklung, je nach Ausführung mit 1.000 V oder 1.000 V/1.500 V, versorgt die Zugsammelschiene.

6.3 Traktions-Stromrichter

Nach dem Transformator folgen die wassergekühlten Traktions-Stromrichter, die die Wechselspannung des Trafos zunächst in eine Gleichspannung umwandeln und diese später in Pulswechselrichtern in den von den Fahrmotoren benötigen Dreiphasen-Drehstrom umwandeln. Je ein Stromrichter versorgt die Fahrmotoren eines Drehgestells und wird von einem eigenen Antriebssteuergerät (ASG) gesteuert.

Die Traktions-Stromrichter in den Reihen 1016 und 1116 sind Vierquadrantensteller, die sich aus GTO-Tyristoren zusammensetzen. Sie wandeln die Wechselspannung aus dem Transformator in eine Gleichspannung um, die durch einen Zwischenkreis läuft. Diese Gleichspannung wird einem Saugkreis und einem Pulswechselrichter zugeführt, der die

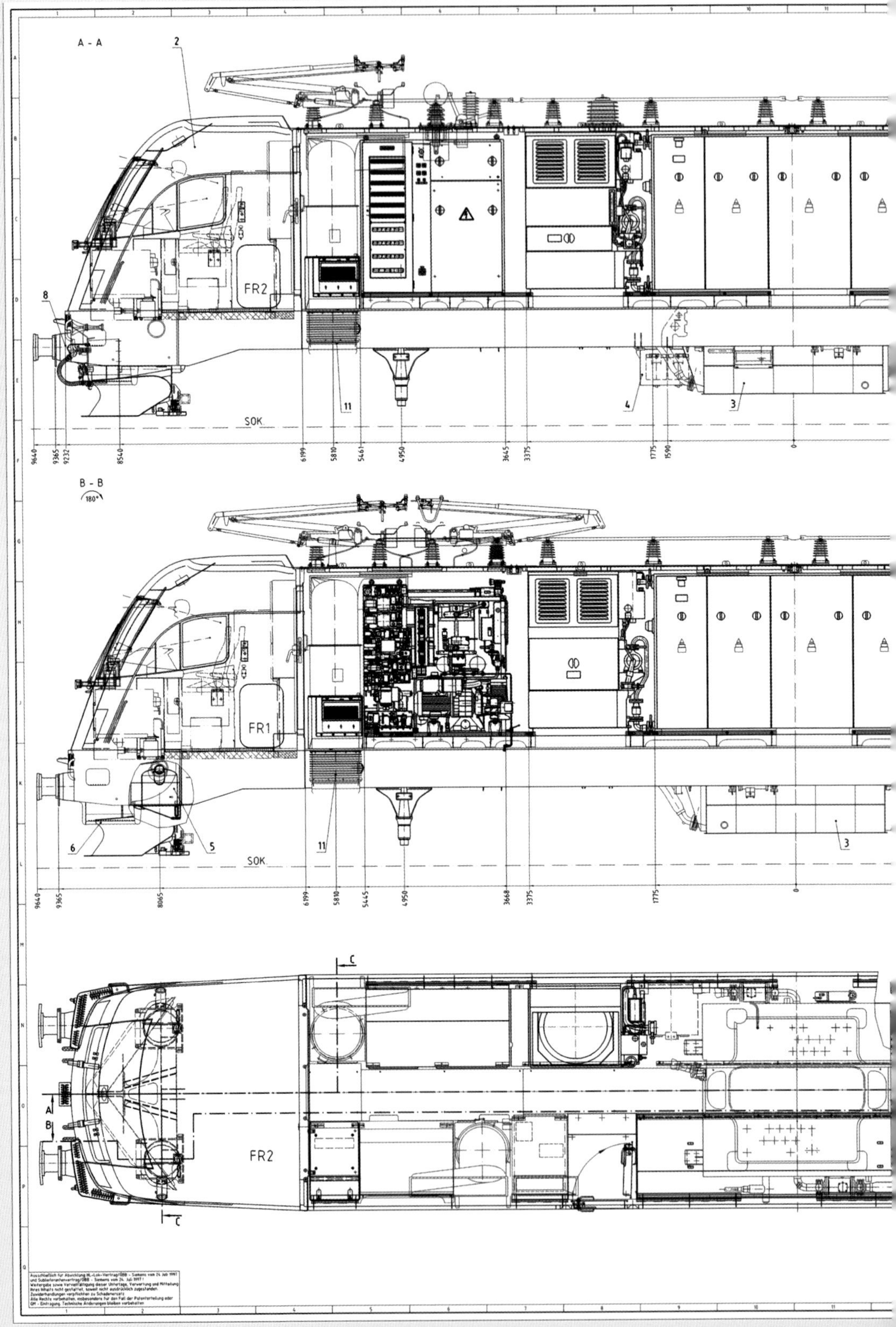
A - A
B - B
FR2
FR1
SOK

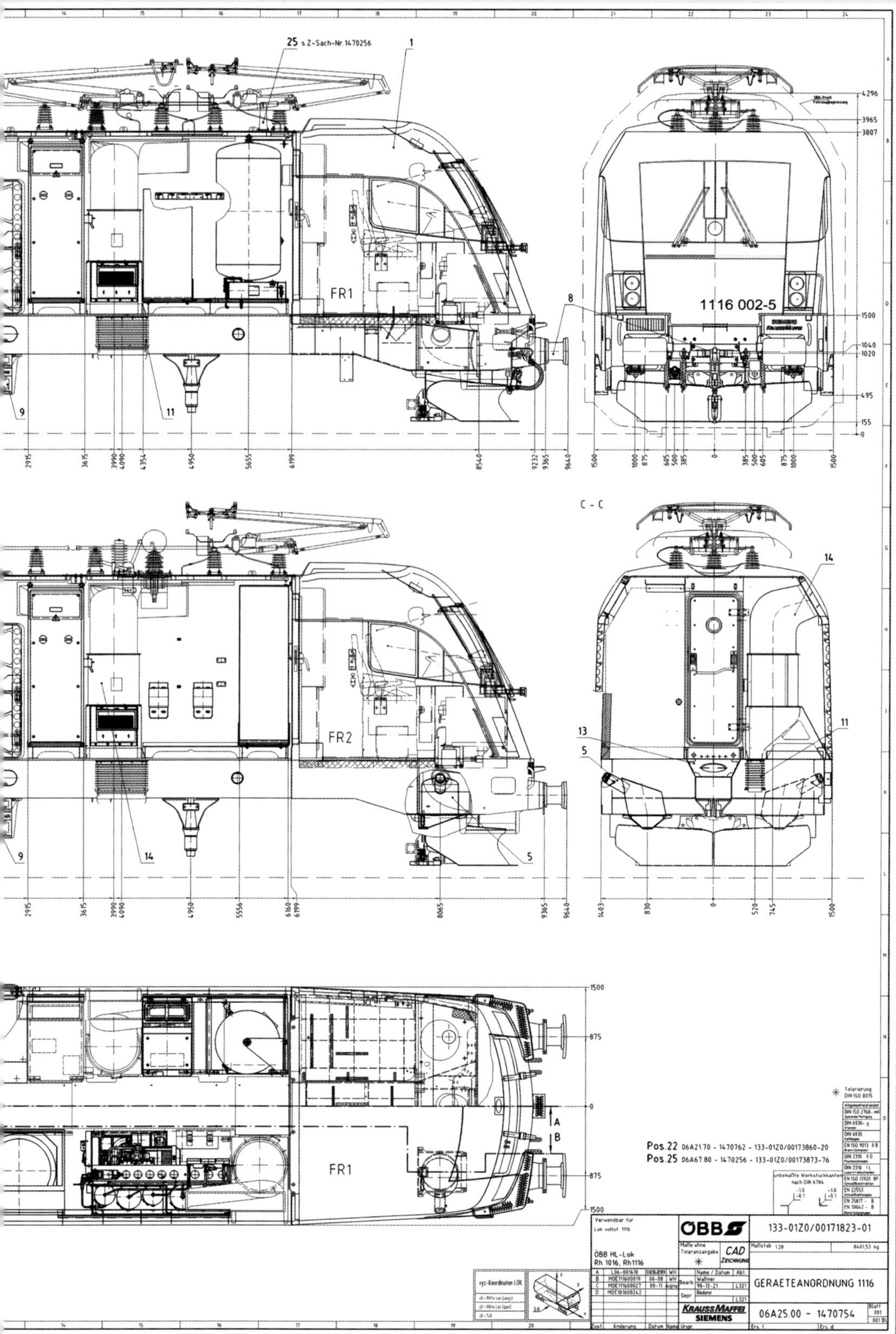

Schnitte durch den Aufbau der ES 64 U2 (ÖBB-Reihe 1116). Gut ist der gerade durchlaufende Mittelgang zu sehen, vom dem aus rechts und links die Schränke mit den Aggregaten zugänglich sind. | *Zeichnung: Siemens*

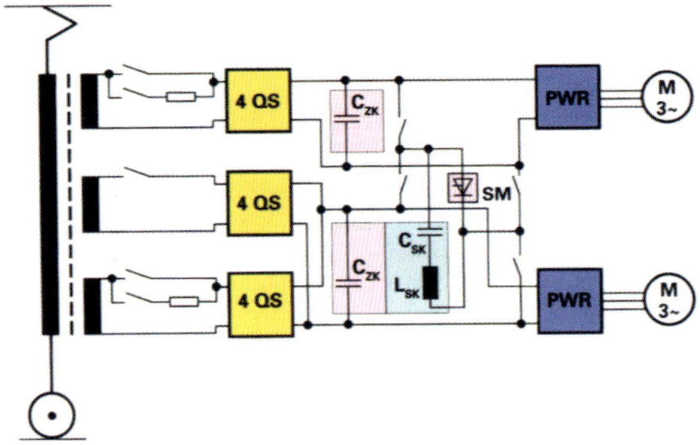

Bei den Loks vom Typ ES 64 U2 gelangt die Energie über drei Vierquadrantensteller (4 QS) und zwei Pulswechselrichter (PWR) zu den beiden Fahrmotoren in einem Drehgestell. | *Zeichnung: Siemens*

Dreiphasen-Wechselspannung für die Fahrmotoren zur Verfügung stellt.

Bei der Reihe 1216 wurden Stromrichter mit IGBT-Technik verwendet. Auch sie arbeiten beim Betrieb unter einer Wechselspannung im Fahrdraht, so wie oben beschrieben. Fahren die 1216 unter Gleichspannung, werden der Trafo und die Vierquadrantensteller umgangen. Hier wird die Gleichspannung aus der Fahrleitung in die vom Zwischenkreis benötigte Gleichspannung anderer Höhe transformiert und direkt dem Zwischenkreis zugeführt. Von dort geht es wie üblich weiter zu den Pulswechselrichtern.

Während bei den Reihen 1016 und 1116 drei Stromrichter je Drehgestell verbaut wurden, kommt die Reihe 1216 mit zwei Stromrichtern pro Drehgestell aus.

Durch sie ist es auch möglich, die beim Bremsen durch die als Generatoren arbeitenden Fahrmotoren gewonnene elektrische Energie in die Fahrleitung zurückzuspeisen, denn die Vierquadrantensteller arbeiten in beide Richtungen. Vier Vierquadrantensteller versorgen bei den Reihen 1016 und 1116 die Fahrmotoren, zwei weitere liefern die Spannung für die Transformatoren der Hilfsbetriebe. Die Spannung wird im Zwischenkreis als Gleichspannung abgenommen und im Trafo in die von den Hilfsbetrieben benötigte Wechselspannung umgeformt. Die Loks der Reihe 1216 haben keine eigenen Vierquadrantensteller für die Hilfsbetriebe, diese werden hier von den Stellern mitversorgt, die auch die Spannung für die Fahrmotoren liefern. Um die von den Stromrichtern produzierte Wärme abführen zu können, haben sie einen eigenen Kühlkreislauf, der in die beiden Kühltürme führt, die auch die Wärme des Transformators abführen. Jeder Stromrichter hat eine eigene Kühlpumpe, die das frostgeschützte Wasser im Kühlkreislauf bewegt. Schaugläser in den Ausdehnungsgefäßen dienen der Überwachung des Kühlmittels, von dem ca. 200 l im Kühlkreislauf sind. Zusätzlich zur Wasserkühlung hat jeder Stromrichterschrank ein eigenes Kühlgebläse. In den Schränken für die beiden Stromrichter, im Druckluftgerüst und im Hilfsbetriebegerüst sorgen Rauchmelder für Sicherheit.

6.4 Fahrmotoren

Vier kollektorlose vierpolige Drehstrom-Asynchron-Motoren der Bauart 1TB2824 mit nur Fremdbelüftung und je 1.640 kW Dauerleistung sorgen für den Antrieb der Maschinen. Sie werden über einen Pulswechselrichter mit der Dreiphasen-Wechselspannung, also dem Drehstrom versorgt. Jeder Motor wiegt etwa 2.775 kg und hat eine maximale Stromaufnahme von 690 A. Um die Wärme des Motors abführen zu können, durchziehen axiale Kühlkanäle den Stator.

Auch der Läufer wird von axialen Kühlkanälen durchzogen. Die Kühlluft wird vom Fahrmotorlüfter auf einer Seite in die Kanäle geblasen und strömt auf der anderen Seite wieder aus.

Der Läufer ist auf beiden Seiten in Wälzlagern gelagert. Auf einer Seite ist die Läuferwelle verlängert, hier wird die Verbindung zum Getriebe hergestellt. Ein Messfühler erfasst die Drehzahl der Motoren und gibt sie an eine Anzeige im Führertisch weiter. So kann der Lokführer die Motordrehzahl überwachen.

6.5 Elektrisch-dynamische Bremse

Wie alle modernen Elloks hat auch der Taurus neben der Druckluftbremse eine elektrodynamische Bremse, auch elektromotorische Bremse genannt. Bei dieser Bremskonstruktion werden die Fahrmotoren als Generatoren genutzt, die die

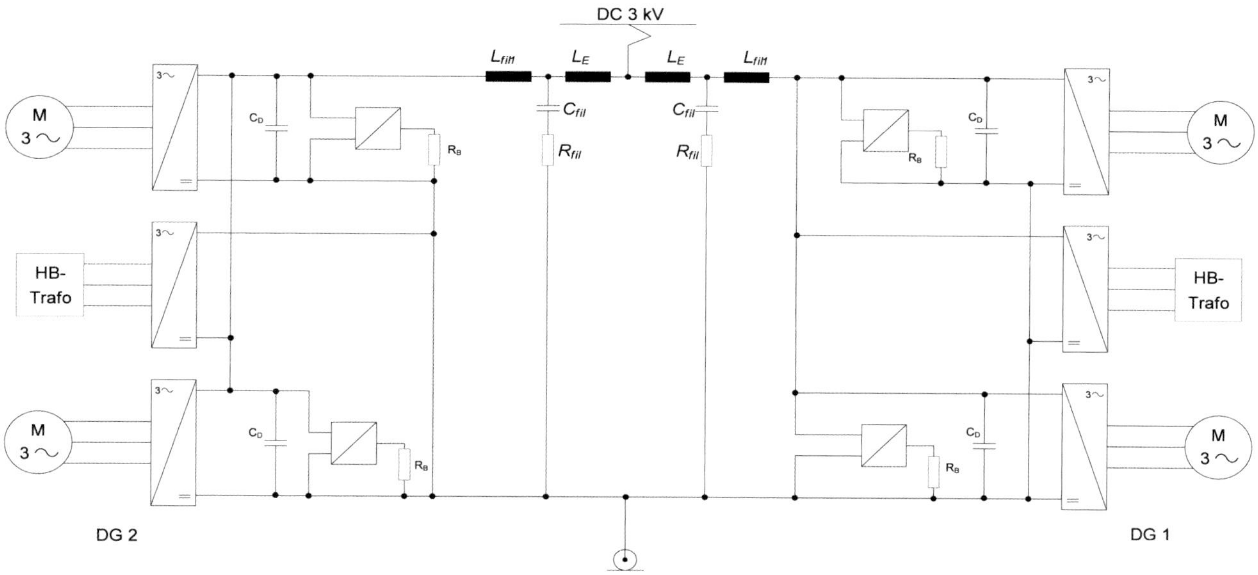

Stromlaufplan der Loks vom Typ ES 64 U4 beim Betrieb unter Gleichspannung »HB« bezeichnet den Hilfsbetriebe-Transformator. | *Zeichnung: Siemens*

kinetische Energie der Lok über die Rotation in den Motoren in elektrischen Strom umwandeln. Beim Bremsen bewegen sich die Läufer im Motor durch den Schwung des Zugs. Mit ihnen bewegen sich auch die am Läufer montierten Magneten und deren Magnetfeld. Diese bewegten Magnetfelder erzeugen im Ständer eine elektrische Spannung, die dann umgeformt und in die Fahrleitung zurückgespeist wird. Die elektrodynamische Bremse ist beim Bremsen der Lokomotive vorrangig zu verwenden.

6.6 Hilfsbetriebe

Damit eine Ellok einwandfrei funktioniert, sind zahlreiche Einrichtungen nötig, die nicht direkt mit ihrem Antrieb zu tun haben. Sie werden als Hilfsbetriebe bezeichnet und müssen natürlich ebenfalls mit elektrischer Energie versorgt werden.

Dafür stehen vier unabhängig voneinander arbeitende Hilfsbetriebeumrichter zur Verfügung. Fällt ein Umrichter wegen eines Defekts aus, erhalten die restlichen drei Umrichter die volle Versorgung aufrecht. Fallen zwei Umrichter aus, so können die Loks immer noch mit 50 % Leistung gefahren werden.

Damit alle Motoren der Hilfsbetriebe versorgt werden können, stehen zwei Drehstromnetze zur Verfügung. Ein Netz mit variabler Frequenz und einer Dreiphasen-Wechselspannung zwischen 0 und 440 V versorgt die vier Fahrmotorlüfter und die zwei Kühlturmlüfter.

Aus dem zweiten Netz mit fester Frequenz werden die meisten anderen Hilfsbetriebe gespeist. Hier liegt eine feste Dreiphasen-Wechselspannung von 440 V an. Zusätzlich verfügt der Taurus noch

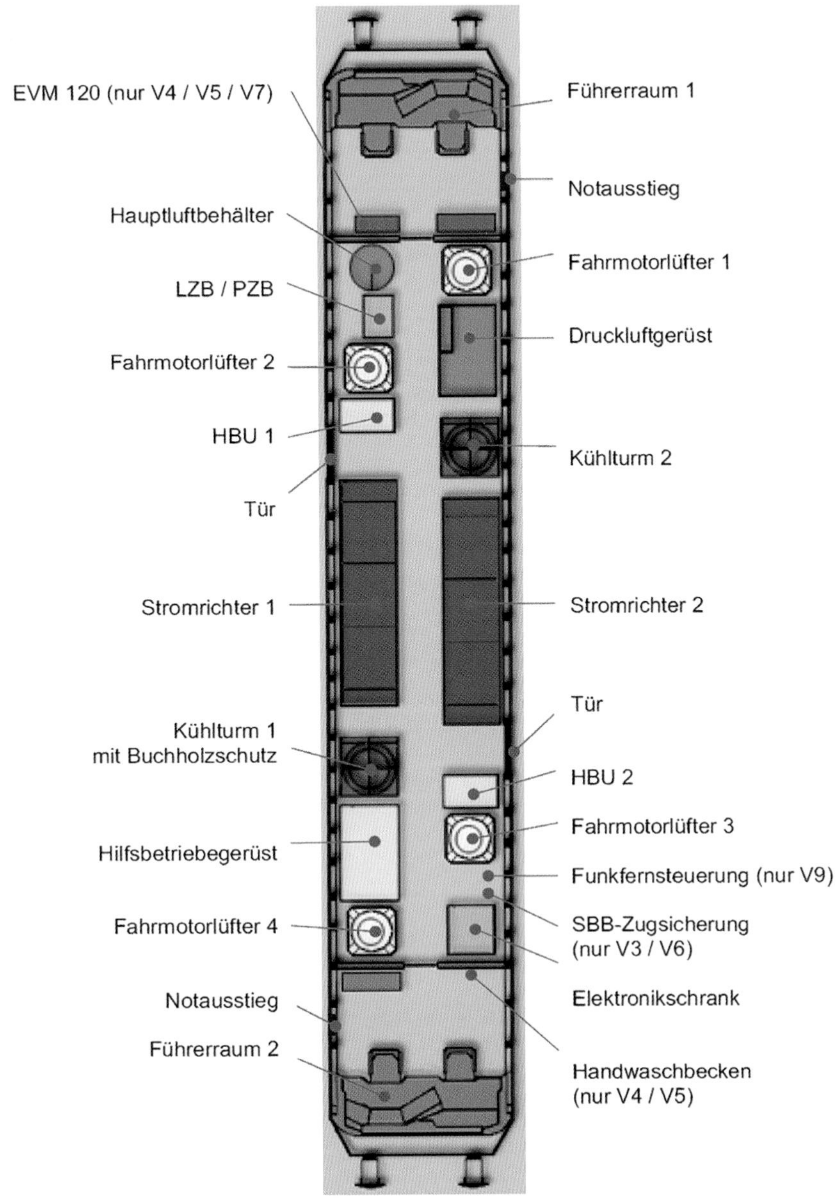

Anordnung der Geräte im Maschinenraum der ES 64 U2. »HBU« bezeichnet den Hilfsbetriebe-Umrichter. | *Zeichnung: Siemens*

über ein Stromnetz mit 200 V Wechselspannung und eines mit 110 V Gleichspannung.

Die Hilfsbetriebeumrichter sind mit dem Haupttransformator verbunden und werden von dort mit Wechselspannung von 16,7 Hz oder 50 Hz versorgt, je nachdem unter welchem Stromsystem die Lok gerade fährt. Die Umrichter bestehen aus einer Eingangsdrossel, einem Vierquadrantensteller und einem nachfolgenden Pulswechselrichter. Über eine Mikroprozessor-Steuerung sind sie mit dem Fahrzeugbus verbunden, aus dem sie ihre Steuersignale erhalten.

Auch bei den Hilfsbetriebeumrichtern muss die in der Elektronik entstandene Wärme abgeführt werden. Dafür gibt es einen elektrisch angetriebenen Lüfter, der Frischluft durch ein Gitter in der Dachschräge ansaugt und an den Kühlkörpern der Bauteile vorbeischickt. Unter der Lok entweicht die erwärmte Luft dann wieder ins Freie.

Die meisten Einrichtungen der Hilfsbetriebe sowie deren Steuerungs- und Überwachungsinstrumente sind in einem Gerüst zusammengefasst, das auf einer Seite des Maschinenraums am Lokende 1 steht.

Damit ein Teil der elektrischen Einrichtung in den Lokomotiven auch versorgt werden kann, wenn kein Anschluss an die Oberleitung besteht, sorgt eine Bleibatterie im Bedarfsfall für die benötigte Spannung. Sie wird aus dem 200-V-Netz der Lok oder aus dem Ortsnetzanschluss mit einer Spannung von 230 V/50 Hz über ein Ladegerät mit einer Gleichspannung von 110 V gespeist.

Europäische Hochgeschwindigkeits-/Hochleistungs-Lokomotive ES 64 U4-Maschinenraumlayout

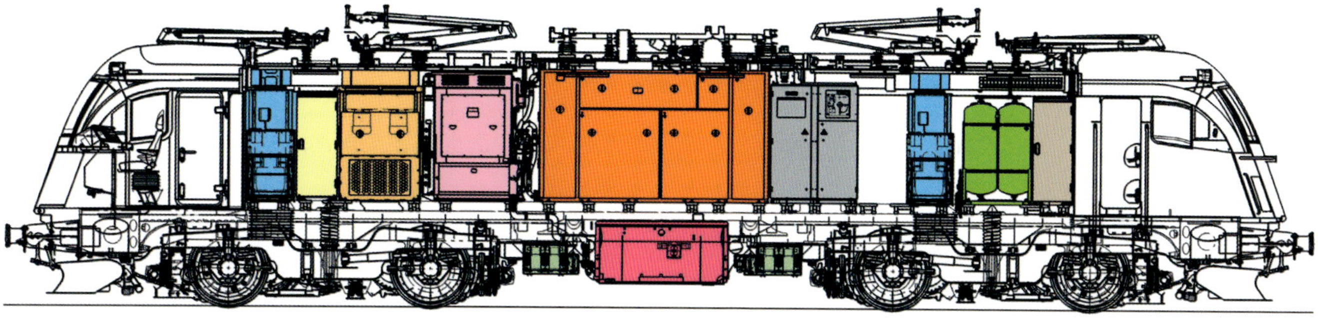

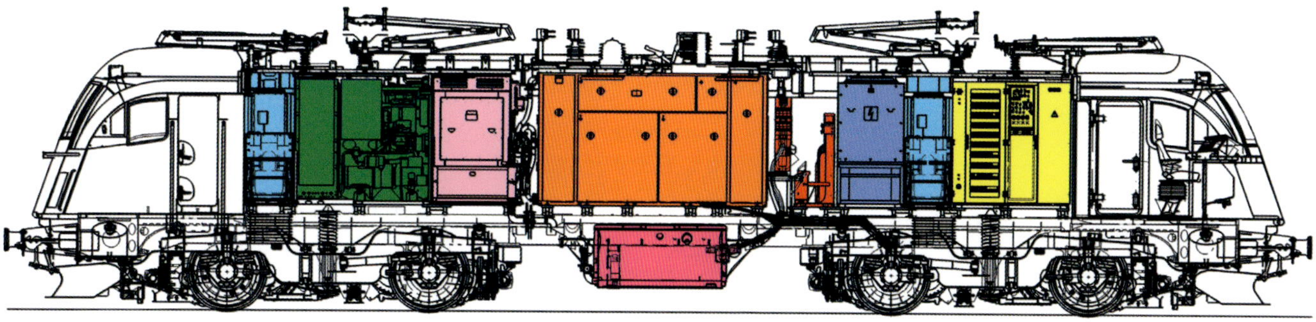

Ansicht um 180 Grad gedreht

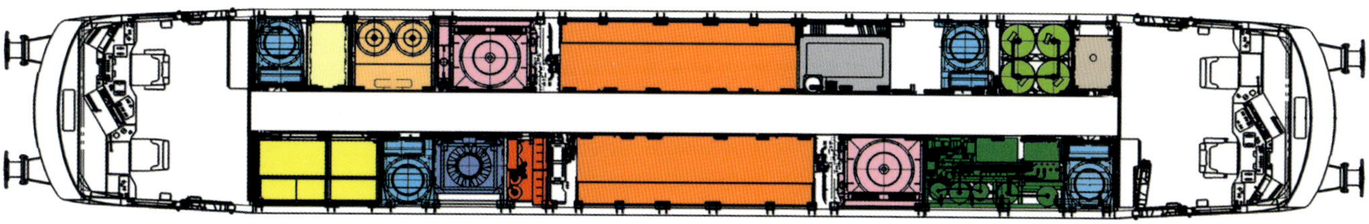

Anordnung der Geräte im Maschinenraum der Viersystem-Ausführung ES 64 U4. | *Zeichnung: Siemens*

- Haupttransformator
- Traktionsstromrichter
- Kühlanlage
- 3 kV Gerüst
- Fahrmotorlüfter
- Hilfsbetriebe-Trafogerüst
- Druckluftgerüst
- Druckluftbehältergerüst
- Zugsicherungsschrank
- Hilfsbetriebegerüst
- Batteriekasten
- Bremswiderstand
- Elektronikschrank
- Feuerlöschanlage

(Ausrüstung für Variante ES64U4-A)

7 Leit- und Sicherheitstechnik

Wegen ihrer modularen Bauweise können die Maschinen mit der Leit- und Sicherheitstechnik zahlreicher europäischer Bahnverwaltungen ausgestattet werden. Dazu kommen noch eine Mehrfach- und eine Wendezugsteuerung.

Die »Railjet«-Züge bestehen aus sechs Mittelwagen und einem Steuerwagen, von dem aus die am anderen Ende laufende 1116 gesteuert und überwacht werden kann. Die Aufnahme zeigt einen Railjet mit vorn laufendem Steuerwagen am 26. Juni 2012 in Aßling. | *Foto: M. Dostal*

7.1 Steuerung

Wie überall in der Technik haben auch im Lokomotivbau in den letzten Jahren mehr und mehr Elektronik und Computertechnik Einzug gehalten. Sie ermöglichten es, die »alte« Lokomotivtechnik wie z. B. den Antrieb noch effizienter zu nutzen und besser zu überwachen. Auch vor dem Taurus hat diese Entwicklung nicht Halt gemacht; so sind die Loks mit einem modernen »Wire Train Bus« (WTB) und einem »Multifunction Vehicle Bus« (MVB) samt den zugehörigen Geräten ausgestattet (siehe Seite 146). Der WTB verbindet die elektronischen Ausrüstungen der Fahrzeuge eines Zugverbands miteinander. Die erfolgt zusammen mit der Lautsprecherleitung und der Steuerleitungen über beide 18-polige IS-Leitungen (UIC-Kabel). Dabei sind die einzelnen Fahrzeuge über die sog. Zugbusknoten (Gateways) am WTB angeschlossen.

Sowohl der WTB als auch der MVB arbeiten mit Siemens-Bahn-Automatisierungs-System (Sibas 32; siehe Kasten). Analog-Digital-Wandler und Digital-Analog-Wandler stellen die Datenübergabe zwischen Sensoren, dem Sibas 32 und den Stellelementen sicher. Die Daten werden in die beiden Zentralen Steuergeräte (ZSG) eingelesen, verarbeitet und wieder ausgegeben. Im Normalbetrieb verarbeitet nur ein ZSG die Daten, das zweite steht »stand by« und springt sofort ein, wenn das erste Unregelmäßigkeiten erkennen lässt. Damit beide Anlagen gleichmäßig genutzt werden, schaltet sich beim Aufrüsten der Lok jedes Mal das andere ZSG ein.
Das ZSG hat folgende Aufgaben:

- Verarbeitung aller Steuerbefehle des Triebfahrzeugführers,
- Befehls- und Sollwertvorgaben für die Traktions- und Bremssteuerung,
- Steuerung der Hilfsbetriebe,
- Fahrzeugdiagnose,
- Zentrale Weg- und Geschwindigkeitserfassung,
- Sifa und AFB.

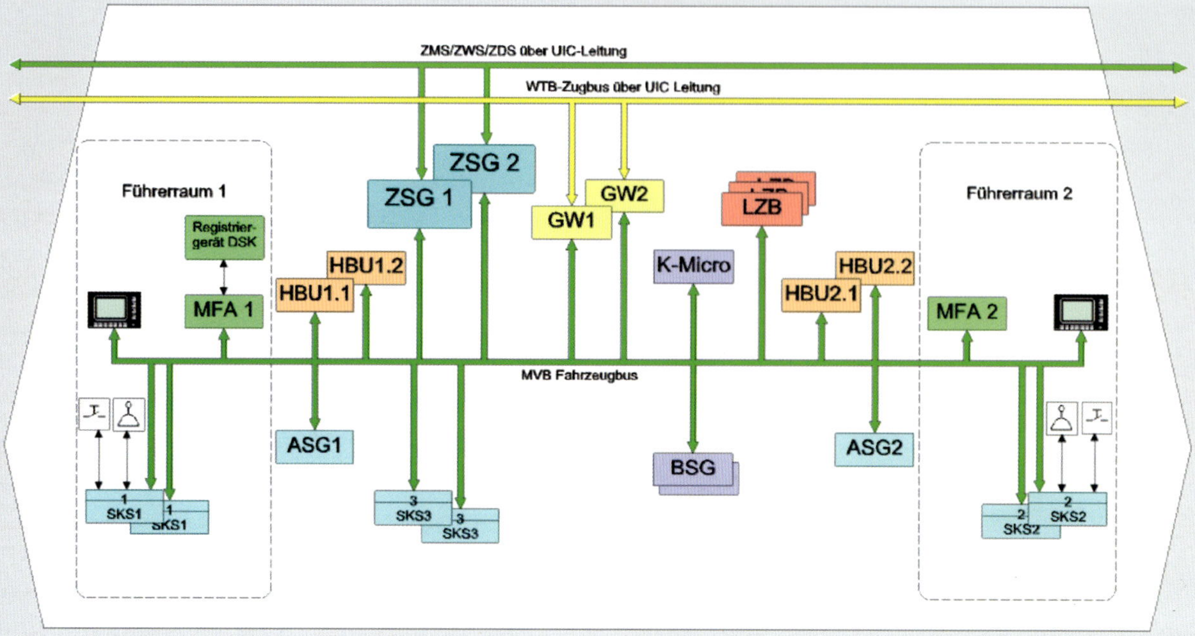

ASG =	Antriebssteuergeräte (Traktions- und Bremssteuerung für je ein Drehgestell).
BSG =	Bremsrechner (Steuerung des HL-Druckes in Abhängigkeit der Vorgaben des Tf mit dem Führerbremsventil oder durch die AFB.
DSK =	Datenspeicherkassette
GW =	Gateways (Verbindungsstelle zur Datenübermittlung zwischen dem MVB Fahrzeugbus und dem WTB-Zugbus bei Fernsteuerung)
HBU =	die Hilfsbetriebeumrichter
K-Micro =	pneumatischer Gleitschutz
LZB =	Linienförmige Zugbeeinflussung
MFA =	modulares Führerraumanzeigegeräte (MFA 1 mit Anbindung ans Registriergerät DSK)
MVB =	Multifunction-Vehicle-Bus (Fahrzeugbus)
SKS =	SIBAS-KLIP-Stationen (Umsetzung von Steuerbefehlen der 110 V-Ebene auf die Fahrzeugbusebene und umgekehrt)
WTB =	Wire Train Bus
ZMS =	Zeitmultiplexe Mehrfachtraktionssteuerung
ZSG =	Zentralsteuergerät (Verarbeitung aller Steuerbefehle des Tf, Befehls- und Sollwertvorgaben für die Traktions- und Bremssteuerung, Steuerung der Hilfsbetriebe, Fahrzeugdiagnose, Zentrale Weg- und Geschwindigkeitserfassung, Sifa, AFB)
ZWS =	Zeitmultiplexe Wendezugsteuerung

Für den Betrieb einer Lok ist nur ein ZSG notwendig. Nur beim Fahren mit AFB werden die Funktionen beider ZSG benötigt.

Die »Modularen Führerstandsanzeigegeräte« (MFA) in den Führerräumen dienen der Überwachung der Anlage. Zwei Antriebsteuergeräte (ASG) regeln und überwachen den Antrieb der Maschinen. Dabei ist jedes ASG für ein Drehgestell verantwortlich. Die ASG steuern die Stromrichter nach den vom Lokführer eingegebenen Werten. Auch das Bremssteuergerät ist über den MVB mit dem ZSG verbunden. Das Bremsgerät hat ebenfalls zwei komplett unabhängige Rechner, von denen jeweils einer arbeitet, während der andere »stand by« steht. Die Rechner steuern sowohl die elektrische als auch die Druckluftbremse der Lok und des Zugs.

Das Elbtal südlich von Dresden bietet mit den Felsen der Sächsischen Schweiz zahlreiche schöne Fotomotive. So fährt die 182 023 mit ihrer S-Bahn nach Meißen am 5. Oktober 2013 an den Felsformationen bei Rathen vorbei. | *Foto: Th. Estler*

Sind die Wagen mit einer elektropneumatischen Bremse ausgestattet, wird deren Steuerung ebenfalls übernommen.

Zur Regelung des Gleitschutzes steht ein eigener Rechner zur Verfügung. Er gehört zur noch von Krauss-Maffei entwickelten Bauart K-Micro. Übersteigt die Bremskraft den Reibwert zwischen Rad und Schiene, dreht sich der zugehörige Radsatz langsamer oder blockiert ganz. Der Gleitschutz erkennt dies, verringert den Bremsdruck im Bremszylinder, die Bremse löst sich etwas und der Radsatz kann sich wieder ohne Schlupf bewegen.

Über den WTB arbeitet auch die Wendezug- und Mehrfachsteuerung der ÖBB-Maschinen. Hier werden die Daten mit der konventionellen Wendezugsteuerung (KWS) übertragen, die mit einer

34- oder 36-adrigen Steuerleitung arbeitet. Die DB wählte für die Wendezugsteuerung die zeitmultiplexe Ausführung (ZWS). Bei der ZWS genügen zwei Adern des UIC-Kabels (UIC 568) zur Übertragung der Steuer- und Überwachungssignale. Die Steuerung mehrerer Loks von einem Führerstand aus geschieht über die zeitmultiplexe Mehrfachtraktionssteuerung (ZMS). Mit dieser Einrichtung lassen sich bis zu vier Maschinen gekoppelt steuern.

Die umfangreiche elektronische Ausstattung der Lok macht auch ein weitreichendes Diagnosesystem in den Loks möglich. Dazu gibt es im Führerpult ein großes Display, auf dem zahlreiche Mess- und Zustandsdaten abgerufen werden können. Kommt es zu Störungen, so werden diese auf dem Display angezeigt. Zusätzlich bekommt der Triebfahrzeugführer die Meldungen über eine Sprachausgabe vorgelesen. Hier kann er auch die Eckdaten des gerade befahrenen Netzes, wie Spannung, benötigte Zugsicherungssysteme oder von den Wagen benötigte Spannung der Zugheizung einstellen und ablesen.

Die Automatische Fahr- und Bremssteuerung (AFB) unterstützt den Triebfahrzeugführer bei seiner Arbeit, in dem es eine vorgegebene Geschwindigkeit (Vsoll) erreicht und nachfolgend unabhängig von Zuggewicht, Steigung oder Gefälle einhält. Beim Taurus ist die Vorwahl der Geschwindigkeit in Schritten von 5 km/h möglich. Diese wird als kleine Markierung im Geschwindigkeitsmesser angezeigt.

Die AFB regelt die nötigen Zug- und Bremskräfte automatisch. Die Zugkraft kann dabei über den Zugkraftsteller beeinflusst werden, während beim Bremsen immer mit festen Verzögerungswerten gearbeitet wird. Hier nutzt die AFB sowohl die elektrische Bremse der Lok als auch die Druckluftbremse des ganzen Zugs.

Die AFB lässt sich vom Lokführer manuell an der Mittelkonsole des Führertisches ein- und ausschalten. Er bekommt den Zustand der AFB akustisch mitgeteilt. Zudem kann er jederzeit eingreifen, indem er die Zugkraft abschaltet oder manuell bremst.

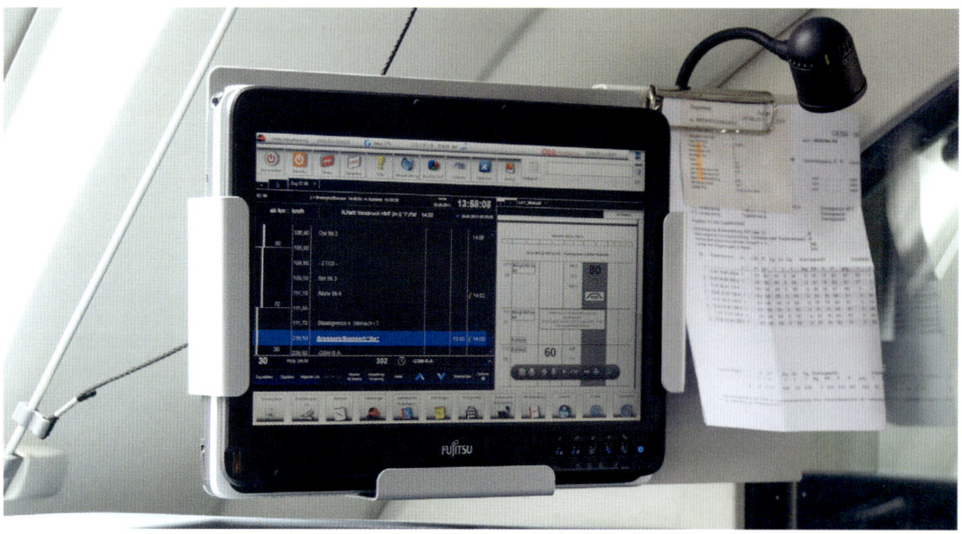

Inzwischen bekommt der Fahrzeugführer seinen Fahrplan digital über ein Tablet angezeigt. | *Foto: V. Emersleben*

7.2 Mess- und Schutzeinrichtungen

Die Fahrzeugelektronik erfasst und überwacht alle wesentlichen

- Spannungen,
- Ströme,
- Frequenzen,
- Erdschlüsse und
- Bauteiltemperaturen

im Hauptstrom- und Hilfsbetriebekreis.

Bei einer Abweichung von den vorgegebenen Werten wird je nach Störung:

- die Leistung des Bauteils reduziert,
- das Bauteil abgeschaltet,
- der Hauptschalter ausgeschaltet.

Einige Stromkreise sind zusätzlich durch Sicherungen, Motor- und Leitungsschutzschalter abgesichert.

7.3 Zugsicherung

Die Einrichtungen für die Zugsicherung variieren je nach Staatsbahn. Deshalb gibt es unterschiedliche »Länderpakete«, die alle notwendigen Einrichtungen für ein Land enthalten. Es können auch mehrere »Länderpakete« in eine Lok eingebaut werden, die dann in den entsprechenden Ländern fahren darf.

Für den Einsatz in Deutschland und Österreich sind unter anderem die punktförmige Zugsicherung PZB 90 und die linienförmige Zugbeeinflussung LZB 80/16 notwendig. Die deutschen und österreichischen ES 64 U sind damit ausgestattet. Inzwischen werden immer mehr Lokomotiven mit dem European Train Control System (ETCS) ausgestattet. ETCS ist ein international genormtes Zugsicherungssystem, mit dem es möglich ist, Lokomotiven über Systemgrenzen hinweg ohne zusätzliche Sicherheitseinbauten verkehren zu lassen. ETCS überwacht:

- die momentan zulässige Höchstgeschwindigkeit,
- die Höchstgeschwindigkeit des Zuges,
- die Fahrtstrecke,
- die Fahrtrichtung,
- die Eignung des Zuges für die Strecke und
- die Einhaltung besonderer Betriebsvorschriften.

Die Mehrsystem-Maschinen haben eine Art »Black Box«, wie sie auch in Flugzeugen verwendet wird. Sie zeichnet verschiedene Werte auf, die nach einem Störfall ausgelesen und ausgewertet werden können.

7.4 Wagensteuerung für Reisezugwagen

Damit die Loks auch vor Reisezügen – auch Wendezügen – genutzt werden können, haben sie eine zentrale Zuglichtsteuerung, die die Beleuchtung in den Fahrgasträumen der Reisezugwagen konventionell über die IS-Leitung ein- und ausschaltet – die Schaltbefehle werden über den Zugbus (WTB) übertragen –, eine Beschallungseinrichtung und eine Führerraumsprechstelle für Durchsagen zum anderen Führerraum, an die Fahrgäste im Zug oder über Außenlautsprecher.

8 FARBGEBUNG

Die Lokomotiven der ÖBB und der DB AG wurde mit rotem Lokkasten abgeliefert. Dazu kommen noch die Farbgebungen anderer Staatsbahnen und privater Eisenbahnunternehmen. Wegen zahlreicher Werbebeklebungen sind die Maschinen sehr farbenfroh unterwegs.

In der ersten Ausführung mit großem ÖBB-Signet auf den Seitenwänden zeigt sich die 1016 050 am 11. August 2001 in Linz. | *Foto: V. Emersleben*

8.1 ÖBB

Erster Besteller der ES 64 U2 waren die Österreichischen Bundesbahnen (ÖBB), die für die Loks den in den 1990er-Jahren aktuellen Anstrich vorgesehen hatten. Dazu gehörten ein roter Lokkasten und ein dunkelgrauer Rahmen. Auch das Fahrwerk bekam einen dunkelgrauen Anstrich. Anders als bei den bisherigen ÖBB-Maschinen verzichtete man auf helle Zierlinien oder Absetzflächen. Die Loknummer stand außermittig auf der Frontseite zwischen den Lichtern. Auf den Seitenflächen zierte ein großes ÖBB-Emblem die Maschinen, unter denen die seitliche Loknummer stand. Inzwischen wurde das große Signet durch die Buchstaben »ÖBB« ersetzt. Die Frontnummer ist unter die Stirnfenster nach oben gerückt und »ÖBB« steht nun auch auf der Stirnfront.

Die ÖBB waren die erste Bahnverwaltung, die ihre »Taurus« farbenfroh beklebten und damit Werbung für Veranstaltungen und Jubiläen machten. Es waren aber auch reine Werbeloks dabei. Besonders hervorgehoben werden sollen hier die »Länderloks«, die zur Fußball-Europameisterschaft 2008 in den Nationalfarben der teilnehmenden Länder gestaltet waren. Außerdem gibt es bei den ÖBB Loks, die für ihren besonderen Einsatz ein auffälliges Design bekamen. Dazu gehören die CAT-Loks (CAT = City-Airport-Train), die den Zubringerverkehr zwischen Wien und dem Flughafen Wien-Schwechat übernehmen, oder die Railjet-Züge. Bei diesen Zügen sollte der hohe Komfort schon von außen durch eine besondere Farbgebung zu erkennen sein. 1016 034, 035 und 1116 200 waren zunächst als Designstudien für das neue »Outfit« unterwegs. Die beiden Erstgenannten wurden in verschiedenen Grautönen gestaltet und unterschieden sich besonders durch den weißen Zierstreifen bei der 1016 034 bzw. durch den roten Streifen bei der 1016 035 voneinander.

Diese Aufnahme zeigt die 182 023 vor einem Kesselwagenzug am 1. März 2011 auf der Fahrt über die Nord-Süd-Strecke in südlicher Richtung bei der Durchfahrt durch den aufgelassenen Bf Vollmerz. Die früheren Basaltwerke Ramholz haben schon lange ihren Betrieb eingestellt und die zugehörigen Ladegleise sind – ebenso wie die vormals vorhandenen Überholungsgleise – vom Streckennetz abgetrennt. | *Foto: Ch. Kissel*

Im Gegensatz dazu wurde 1116 200 in Grau und Weinrot gestaltet. Auch hier war der Trennstreifen rot. Alle drei Loks zierte die (bewusst klein geschriebene) Anschrift »railjet« und der Hinweis, dass die Loks ab 2008 planmäßig eingesetzt würden. In der Probephase setzt sich der rote Anstrich der 1116 200 durch und alle weiteren Railjet-Loks wurden so ausgeführt.

Diese Lackierung tragen nun 1116 201 bis 1116 250, wobei 1116 249 als Werbelok auf das 175-jährige Jubiläum der Österreichischen Eisenbahnen und 1116 250 auf die Feuerwehr-Notrufnummer 122 und später auf die Notrufnummer 112 der Polizei aufmerksam machten.

Aber nicht nur die Loks, sondern auch die Wagen dieser Züge tragen den roten Anstrich, so dass die Garnituren ein geschlossenes Zugbild ergeben. 1016 034 und 035 sind inzwischen wieder im gewohnten Verkehrsrot der ÖBB unterwegs. Passend zu den Railjet-Loks wurden die 1016 195 und die 1216 016 im gleichen Design lackiert. Allerdings wählte man hier Blautöne und nutzt die Loks mit den Aufschriften »nightjet« als Werbeträger für die gleichnamigen Züge bei den ÖBB. Planmäßig sind die beiden Maschinen aber nicht vor den Nightjet-Zügen anzutreffen.

Vergleich der Stirnseiten der Reihe 1216 mit oberem Spitzenlicht über der Frontscheibe und der Reihe 1116 mit diesem Licht unter der Frontscheibe. Auch die unteren Lichter unterschieden sich voneinander (Villach-West, 7. September 2008). | *Foto: V. Emersleben*

Zur Bespannung tschechischer Railjet-Züge wurden mehrere Loks der Baureihe 1216 an das blaue Design der Wagen angepasst.

Eine weitere Farbversion ist seit Frühjahr 2022 auf den Gleisen der ÖBB unterwegs. Die 1116 181 bekam einen in rot/weißen Anstrich, passen zu den Cityjet-Zügen. Das gleiche Outfit sollten auch die 1116 161 bis 190 bekommen. Anders als üblich sind die Loks nicht beklebt, sondern tatsächlich lackiert.

8.2 DB AG

Auch die Deutsche Bahn AG entschied sich für einen verkehrsroten Lokkasten, den sie schon bei ihren anderen Baureihen eingeführt hatte. Der Lokrahmen und das Laufwerk sind wie bei den ÖBB-Loks grau lackiert. Auf den Frontseiten tragen die DB-Maschinen die beiden weißen Absetzflächen neben dem DB-Logo. Ein kleines DB-Logo ziert die Seitenwände der DB-Maschinen.

Schon bald entdeckte die DB, dass sich die glatten Seitenwände der Baureihe 182 genauso hervorragend als Werbeflächen eigneten wie die der Baureihe 101. 182 009 wurde als erste Maschine mit Werbefolien beklebt. Die nun gelben Seitenwände warben für den Versand von Paketen mit der DHL GmbH, einer Tochter der Deutschen Post AG. Abweichend von den anderen Maschinen trug die Lok den »Railion«-Schriftzug an den Stirnseiten. Im August 2006 wurden die Folien wieder entfernt und die Lok ist seither wieder in Verkehrsrot unterwegs. Als zweiter DB-»Taurus« wurde die 182 004 beklebt. Die Lok wurde komplett in silberfarbene Folien eingepackt und warb bis Mai 2012 für Porsche.

Erste Ausführung der ÖBB-Lackierung in Verkehrsrot mit ÖBB-Signet auf der Seitenwand über der Loknummer.
| *Grafik: H. Sölch, Foto: M. Dostal*

Regellackierung der »RailJet«-Loks mit unterschiedlichen Rot- und Grautönen. | *Grafik: H. Sölch, Foto: Dr. B. Domagalski*

Die Loks der DB AG sind verkehrsrot lackiert und haben DB-Logos auf den Seitenwänden und an den Stirnseiten. Es gab aber auch Loks mit »RaiLion Logistic«-Aufschrift.
| *Grafik: H. Sölch, Foto: Dr. B. Domagalski*

Siemens stellte seine Maschinen mit gelben Köpfen und silberfarbigen Mittelbereichen in den Lokpool ein.
| *Grafik: H. Sölch, Foto: Dr. B. Domagalski*

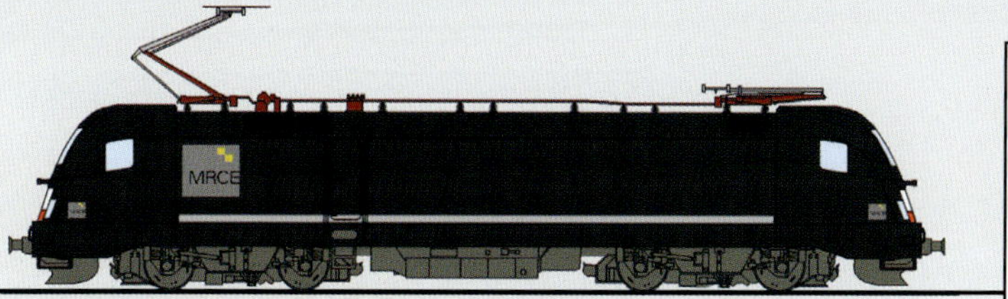

Nach der Übernahme durch MRCE bekamen die gelb/silberfarbenen Maschinen nach und nach einen schwarzen Anstrich.
| *Grafik: H. Sölch, Foto: Dr. B. Domagalski*

Grau, blau und schwarz gehören zur Lackierung der polnischen Maschinen. Orangefarbene Zierelemente lockern den Anstrich auf.
| *Grafik: H. Sölch, Foto: U. Miethe*

Die SŽ wählte rot als Grundfarbe ihrer Loks. Dabei ziert ein weißer, an den Enden nach unten verlaufender Streifen samt Schriftzug die Seitenwände. | *Grafik: H. Sölch, Foto: U. Miethe*

Der blaue Kasten der ungarischen Maschinen wird nur durch die gelben Stirnseiten aufgelockert. | *Grafik: H. Sölch, Foto: Th. Estler*

Auch sie ist inzwischen wieder in Verkehrsrot unterwegs. Mehrere Maschinen waren beklebt mit bunten Grafiken im Raum Berlin unterwegs und warben für die Bundesgartenschau 2015, die im Havelgebiet nördlich der Stadt Brandenburg stattfand.

2014 bekamen mehrere Lokomotiven Aufkleber, die auf das zwanzigjährige Jubiläum der Regionalexpress-Linie RE 1 hinwiesen. 182 016 fiel zwischen 2013 und 2016 durch einen grauen Grundton auf, auf dem sie mit farbigen Flächen für den Verkehrsverbund Oberelbe (VVO) im Großraum Dresden warb. 2014 gratulierte die rote 182 024 dem Fußballweltmeister desselben Jahres.

8.3 Andere Bahngesellschaften

Siemens verwirklichte bei seinen Pool-Lokomotiven eine ganz andere Farbgebung. Bei diesen Maschinen sind die seitlichen Endbereiche der Loks in Gelb lackiert. Die Seitenwände dazwischen bekamen einen silberfarbenen Anstrich. Die Stirnfenster und der darüberliegende Dachbereich waren schwarz, der untere Bereich der Stirnseiten silberfarben. Nach der Übernahme durch MRCE bekamen die Loks einen komplett schwarzen Lokkasten, der nur an den Stirnseiten durch eine weiße Kontrastfläche und einen breiten roten Streifen unterbrochen wird. Weil die Loks vermietet werden und es den Mietern erlaubt ist, ihre eigenen Farben und Beschriftungen auf den Loks anzubringen, gab und gibt es inzwischen so viele Farbgebungen, dass sie den Umfang dieses Buches bei weitem sprengen würden. Lediglich auf folgende weitere Farbgebungen soll hier noch eingegangen werden. Die GySEV stellte ihre fünf Maschinen mit einem frischen gelbgrünen Lokkasten in Dienst. Der Rahmen war dabei in Grau gehalten. 470 501 erinnert seit 2011 an den 175. Geburtstag der österreichischen Kaiserin Elisabeth Amalie Eugenie, auch »Sisi« genannt, im Jahre 2012.

470 503 widmete sich 2010 bis 2012 dem Komponisten Franz Liszt, der 1811 in Raiding/Doborján im heutigen Burgenland geboren wurde. Danach war sie in rot/schwarzem Design für Richard Wagner unterwegs.

470 504 machte 2009 und 2010 auf den Komponisten Joseph Haydn aufmerksam. Er starb am 31. Mai 1809 in Wien. Inzwischen wirbt sie für ihre eigene Bahngesellschaft: die GySEV. Auch 470 505 ist mit einer Werbefolie beklebt. Diese widmet sich dem 150. Todestag des ungarischen Staatsreformers Gróf István Széchenyi.

2023 war sie mit einem auffälligen rot/grünen Farbton mit den Aufschriften »Sopron – Civitas Fidelissima« unterwegs. Damit erinnert sie an die Volksabstimmung von 1921, in der sich die Einwohner Soprons und weiterer Gemeinden im Umland mehrheitlich für den Verbleib bei Ungarn entschieden. In der Folge verlieh die Nationalversammlung Sopron den lateinischen Titel »Civitas fidelissima« (»treueste Stadt«). Im Zusammenhang mit berühmten Persönlichkeiten auf »Taurus«-Lokomotiven sei auch auf die ÖBB-Maschine 1116 250 hingewiesen, die 2006 eine schwarz-goldfarbene Ganzbeklebung bekam, welche auf den 250. Geburtstag von Wolfgang Amadeus Mozart hinwies, der am 27. Januar 1756 in Salzburg geboren wurde. Diese Werbung wurde 2009 schon wieder entfernt und ab September dieses Jahres machte sie auf die Notruf-Telefonnummer 122 der österreichischen Feuerwehr aufmerksam.

Die ungarischen Staatsbahnen MÁV wählten für ihre Loks einen türkisblauen Kasten, von dem sich die Stirnseiten durch einen gelben Anstrich abheben. Auch bei ihnen sind die Rahmen, die Laufwerke und die Dachabdeckungen grau. Bei

Diese Aufnahme zeigt die 182 510, die an das Beethoven-Jahr 2020 erinnert, vor der in Flixtrainfarben folierten 182 521 am 27. März 2022 mit dem FLX 1241 auf der Fahrt von Berlin über Heidelberg und weiter durch den Kraichgau über die Schnellfahrstrecke in Richtung Stuttgart. | *Foto: Ch. Kissel*

den MÁV ist nur die 470 010 mit Folien beklebt, die an die ungarische Fußball-Nationalmannschaft von 1950 bis 1954 erinnert. Das als »Aranycsapat« (Goldene Elf) bezeichnete Team blieb zwischen Mai 1950 und Juli 1954 in 32 Pflichtspielen in Folge unbesiegt. Die slowenischen Eisenbahnen wählten wie die DB und die ÖBB einen roten Lokkasten, der aber durch einen hellen Streifen auf den Seitenwänden aufgelockert wird. Der Rest der Lok ist grau.

Als Werbelok dient die 541-001, die schon mit mehreren Folien unterwegs war. 2012 war sie in einem rosafarbenen »Outfit« für einen bekannten österreichischen Waffelhersteller unterwegs. Nachdem 541-101 für einen Kristallglashersteller warb, verdiente sie sich ihr Geld in den Jahren 2011 und 2012 auch als rollende Cola-Dose. 541-104 ist schwarz beklebt und wirbt für einen Schweizer »Outdoor«-Hersteller.

Eine weitere, besonders auffällig beklebte Lok ist die Alex-183 001 der Vogtlandbahn. Sie erinnert an das 175-jährige Jubiläum der Eisenbahn in Deutschland. Die Designerin Gudrun Geiblinger griff die erste deutsche Dampflok, den »Adler«, als Motiv auf und nutze Stilelement dieser Lok zur Gestaltung der Ellok. Als weitere Alex-Werbelok ist 183 004 unterwegs, die sich für die Bahnverbindung München – Prag – München stark macht. 183 005 ist seit 2020 pinkfarben unterwegs und lädt Frauen zu einer Ausbildung als Lokführerin ein. Ansonsten sind die Loks des Alex türkisblau lackiert und haben graue und gelbe Absetzstreifen.

9 STATISTIK

Zusammentreffen der deutschen 101 117 von Bombardier und der österreichischen 1116 056 von Siemens am 7. Mai 2022 im Werk Stuttgart-Rosenstein. Rechts steht noch ein Triebwagen der Baureihe 3442 in den Landesfarben von Baden-Württemberg. | *Foto: R. Meier*

Fab-Nr	Typ	Baujahr	Liefer-datum	Abnahme	Tfz-Nr	Eigen-tümer	Zulassung	Besonderheit
20298	ES 64 U2	2001		26.07.2001	182 001-8	D-DB	D, A	Nahverkehrspaket, »20 Jahre RE 1«, »BUGA 2015«
20299	ES 64 U2	2001		14.08.2001	182 002-6	D-DB	D, A	Nahverkehrspaket, »BUGA 2015«, »RE 1«, Schienenausbau Verkehrswende
20300	ES 64 U2	2001		20.08.2001	182 003-4	D-DB	D, A	Nahverkehrspaket, »20 Jahre RE 1«, »BUGA 2015«
20301	ES 64 U2	2001		06.08.2001	182 004-2	D-DB	D, A	Nahverkehrspaket, »Porsche«, »BUGA 2015«
20302	ES 64 U2	2001		24.08.2001	182 005-9	D-DB	D, A	Nahverkehrspaket, »BUGA 2015«, »Fontanejahr«
20303	ES 64 U2	2001		11.09.2001	182 006-7	D-DB	D, A	Nahverkehrspaket, »BUGA 2015«
20304	ES 64 U2	2001		21.09.2001	182 007-5	D-DB	D, A	Nahverkehrspaket, »20 Jahre RE 1«
20305	ES 64 U2	2001		05.10.2001	182 008-3	D-DB	D, A	Nahverkehrspaket
20306	ES 64 U2	2001		11.10.2001	182 009-1	D-DB	D, A	Nahverkehrspaket, »DHL«, »20 Jahre RE 1«, »BUGA 2015«
20307	ES 64 U2	2001		23.10.2001	182 010-9	D-DB	D, A	Nahverkehrspaket, »20 Jahre RE 1«, »BUGA 2015«
20308	ES 64 U2	2001		23.10.2001	182 011-7	D-DB	D, A	Nahverkehrspaket, »20 Jahre RE 1«
20309	ES 64 U2	2001		29.10.2001	182 012-5	D-DB	D, A	Nahverkehrspaket, »20 Jahre RE 1«
20310	ES 64 U2	2001		05.11.2001	182 013-3	D-DB	D, A	Nahverkehrspaket, »BUGA 2015«
20311	ES 64 U2	2001		08.11.2001	182 014-1	D-DB	D, A	Nahverkehrspaket, »20 Jahre RE 1«
20312	ES 64 U2	2001		15.11.2001	182 015-8	D-DB	D, A	Nahverkehrspaket, »20 Jahre RE 1«
20313	ES 64 U2	2001		15.11.2001	182 016-6	D-DB	D, A	Nahverkehrspaket, »Verkehrsverbund Oberelbe (VVO «
20314	ES 64 U2	2001		30.11.2001	182 017-4	D-DB	D, A	Nahverkehrspaket
20315	ES 64 U2	2001		16.11.2001	182 018-2	D-DB	D, A	Nahverkehrspaket
20316	ES 64 U2	2001		30.11.2001	182 019-0	D-DB	D, A	Nahverkehrspaket
20317	ES 64 U2	2001		03.12.2001	182 020-8	D-DB	D, A	Nahverkehrspaket, »Jobs mit Zukunft«
20318	ES 64 U2	2001		13.12.2001	182 021-6	D-DB	D, A	Nahverkehrspaket
20319	ES 64 U2	2001		13.12.2001	182 022-4	D-DB	D, A	Nahverkehrspaket
20320	ES 64 U2	2001		20.12.2001	182 023-2	D-DB	D, A	Nahverkehrspaket
20321	ES 64 U2	2001		20.12.2001	182 024-0	D-DB	D, A	Nahverkehrspaket, »Weltmeister«
20322	ES 64 U2	2001		20.12.2001	182 025-7	D-DB	D, A	Nahverkehrspaket
20557	ES 64 U2-V2	2001		20.09.2001	182 501-7	D-DISPO	D, A	
20558	ES 64 U2-V2	2001		01.10.2001 U 05.04.2013	182 502-5 242.503	D-DISPO S-HCTOR	D, A D, S	 »Zurg«
20559	ES 64 U2-V2	2001		01.10.2001 U _12.2010	182 503-3 242.503	D-DISPO S-HCTOR	 D, S, DK, CH	 »Balboa«
20560	ES 64 U2-V2	2002		14.01.2002 U 05.04.2013	182 504-1 242.504	D-DISPO S-HCTOR	D, A D, A	 »Mr Potato Head«
20561	ES 64 U2-V2	2002		21.01.2002	182 505-8	D-DISPO	D, A	
20562	ES 64 U2-V2	2002		28.02.2002	182 506-6	D-DB	D, A	DB Systemtechnik
20563	ES 64 U2-V2	2002		04.02.2002	182 507-4	D-DISPO	D, A	
20564	ES 64 U2-V2	2002		05.02.2002	182 508-2	D-DISPO	D, A	
20565	ES 64 U2-V2	2002		18.03.2002	182 509-0	D-AKIEM	D, A	
20566	ES 64 U2-V2	2002		08.04.2002	182 510-8	D-DISPO	D, A	
20567	ES 64 U2-V2	2002		25.03.2002	182 511-6	D-DISPO	D, A	
20568	ES 64 U2-V2	2002		18.04.2002	182 512-4	D-DISPO	D, A	
20569	ES 64 U2-V2	2002		27.03.2002	182 513-2	D-DISPO	D, A	

Fab-Nr	Typ	Baujahr	Lieferdatum	Abnahme	Tfz-Nr	Eigentümer	Zulassung	Besonderheit
20570	ES 64 U2-V2	2002		17.04.2002	182 514-0	D-AKIEM	D, A	
20571	ES 64 U2-V2	2002		03.06.2002	182 515-7	D-DISPO	D, A	
20572	ES 64 U2-V2	2002		17.05.2002	182 516-5	D-DISPO	D, A	
				U _.05.2011	242.516	S-HCTOR		»Ferdinand«
20573	ES 64 U2-V2	2002		29.04.2002	182 517-3	D-DISPO	D, A	
				U _.11.2012	242.517	S-HCTOR		»Fitzgerald«
20574	ES 64 U2-V2	2002		27.06.2002	182 518-1	D-DISPO	D, A	
20769	ES 64 U2-V2	2002		26.08.2002	182 519-9	D-AKIEM	D, A	
20770	ES 64 U2-V2	2002		25.10.2002	182 520-7	D-AKIEM	D, A	
20771	ES 64 U2-V2	2002		26.11.2002	182 521-5	D-DISPO	D, A	
20772	ES 64 U2-V2	2002		29.11.2002	182 522-3	D-DISPO	D, A	
20773	ES 64 U2-V2	2002		09.12.2002	182 523-1	D-DISPO	D, A	
20774	ES 64 U2-V2	2003		29.01.2003	182 524-9	D-DISPO	D, A	
20775	ES 64 U2-V2	2003		30.01.2003	182 525-6	D-DISPO	D, A	
20776	ES 64 U2-V2	2003		12.02.2003	182 526-4	D-DISPO	D, A	
20777	ES 64 U2-V2	2003		10.03.2003	182 527-2	D-DISPO	D, A	
20778	ES 64 U2-V2	2003		21.03.2003	182 528-0	D-DISPO	D, A	
20781	ES 64 U2-V2	2003		05.05.2003	182 529-8	D-AKIEM	D, A	
20782	ES 64 U2-V2	2003		27.05.2003	182 530-6	D-DISPO	D, A	
20446	ES 64 U2-V3	2000		04.08.2000	1116 902-6		D, A	
				U _08.2001			D, A	
				U _08.2003	182 531-4	D-DISPO	D, A	Software update
				U 16.08.2010	242.531	S-HCTOR	D, A	»LaMotta«
20447	ES 64 U2	2000		25.08.2000	1116 903-4		D, A	
				U _08.2001			D, A	
				U_07.2003	182 532-2	D-DISPO	D, A	Software update
				U 01.09.2011	242.532	D-DISPO	D, A	»Lightyear«
21037	ES 64 U2-V2	2003		01.01.2007	182 533-0	D-DISPO	D, A	
21038	ES 64 U2-V2	2004		16.02.2004	182 534-8	D-DISPO	D, A	
21039	ES 64 U2-V2	2004		08.03.2004	182 535-5	D-DB	D, A	
21040	ES 64 U2-V2	2004		15.03.2004	182 536-3	D-DB	D, A	
21041	ES 64 U2-V2	2004		24.03.2004	182 537-1	D-DISPO	D, A	
21042	ES 64 U2-V2	2004		29.03.2004	182 538-9	D-DISPO	D, A	
	ES 64 U2-BS			U _.07.2008	182 570-2	D-AKIEM	D, A, H	
21043	ES 64 U2	2004		05.04.2004	182 539-7	D-DISPO	D, A	
	ES 64 U2-BS			U _.05.2008	182 571-0	D-DISPO	D, A, H	
21044	ES 64 U2	2004		21.04.2004	182 540-5	D-DISPO	D, A	
	ES 64 U2-BS			U _08.2008	182 572-8	D-DISPO	D, A, HU	
21045	ES 64 U2	2004		28.04.2004	182 541-4	D-DISPO	D, A	
	ES 64 U2-BS			U _.04.2008	182 573-6	D-AKIEM	D, A, H	
21046	ES 64 U2	2004		12.05.2004	182 542-1	D-DISPO	D, A	
	ES 64 U2-BS			U _.04.2008	182 574-4	D-DISPO	D, A, HU	

Fab-Nr	Typ	Bau-jahr	Liefer-datum	Abnahme	Tfz-Nr	Eigen-tümer	Zulassung	Besonderheit
21047	ES 64 U2 ES 64 U2-BS	2004		26.05.2004 U _.10.2006	182 543-9 182 565-2	D-DISPO D-DISPO	D, A D, A, HU	
21048	ES 64 U2 ES 64 U2-BS	2004		14.06.2004 U _.11.2006	182 544-7 182 566-0	D-DISPO D-DISPO	D, A D, A, HU	
21049	ES 64 U2 ES 64 U2-BS	2004		23.06.2004 U _.09.2007	182 545-4 182 567-8	D-DISPO D-AKIEM	D, A D, A, HU	
21050	ES 64 U2 ES 64 U2-BS	2004 2004		30.04.2004 U _.06.2007	182 546-2 182 568-8	D-DISPO D-DISPO	D, A D, A, HU	
21051	ES 64 U2 ES 64 U2-BS	2004 2004		14.07.2004 U _.09.2007	182 547-0 182 569-4	D-DISPO D-AKIEM	D, A D, A, HU	
21052	ES 64 U2 ES 64 U2-BS	2004 2004		26.07.2004 U _02.2006	182 548-8 182 560-3	D-DISPO D-DISPO	D, A D, A, HU	
21053	ES 64 U2 ES 64 U2-BS	2004 2004		18.08.2004 U _06.2006	182 549-6 182 561-1	D-DISPO D-DISPO	D, A D, A, HU, BG	
21054	ES 64 U2 ES 64 U2-BS	2004 2004		08.09.2004 U _.05.2006	182 550-4 182 562-9	D-DISPO D-DISPO	D, A D, A, HU	
21055	ES 64 U2 ES 64 U2-BS	2004 2004		15.09.2004 U _.05.2006	182 551-2 182 563-7	D-DISPO D-AKIEM	D, A D, A, HU	
21056	ES 64 U2 ES 64 U2-BS	2004 2004		29.09.2004 U _.02.2006	182 552-0 182 564-5	D-DISPO D-DISPO	D, A D, A, HU	
20779	ES 64 U2-V9	2003		30.06.2003	182 580-1	D-DISPO	D, A	Funkfernsteuerung
20780	ES 64 U2-V9	2003		01.07.2003	182 581-9	D-DISPO	D, A	Funkfernsteuerung
20783	ES 64 U2-V9	2003		29.08.2003	182 582-7	D-DISPO	D, A	Funkfernsteuerung
20784	ES 64 U2-V6	2002		18.07.2002	182 595-9	D-DISPO	D, A, CH	
20785	ES 64 U2-V6	2002		12.08.2002	182 596-7	D-DISPO	D, A, CH	
20786	ES 64 U2-V6	2002		19.09.2002	182 597-5	D-DISPO	D, A, CH	
20787	ES 64 U2-V6	2002		28.10.2002	182 598-3	D-DISPO	D, CH	
20788	ES 64 U2-V6	2002		25.11.2002	182 599-1	D-DISPO	D, CH	
20445	ES 64 U2	2000		12.09.2000 U _.08.2001 U _.10.2002 U 01.01.2007	1116 901-7 182 600-7	 D-HUPAC	D, A D, A, CH D, A, CH	
20555	ES 64 U2-V3	2000		19.07.2001	182 601-5	D-HUPAC	D, A, CH	
20556	ES 64 U2-V3	2000		19.07.2001	182 602-3	D-HUPAC	D, A, CH	
20852	ES 64 U2-V0	2003		12.05.2003	182 911-8	D-MWB		
20892	ES 64 U2-V0	2003		19.11.2003	182 912-6	D-MWB		
21130	ES 64 U4-G	2007		05.10.2007	183 001-7	D-VBG		»175 Jahre Deutsche Eisenbahn«
21132	ES 64 U4-G	2007		15.10.2007	183 002-5	D-VBG		
21134	ES 64 U4-G	2007		05.11.2007	183 003-3	D-VBG		
21522	ES 64 U4-G	2007		17.12.2007	183 004-1	D-VBG		»alex München-Prag-München«
21321	ES 64 U4-G	2008		20.10.2009	183 005-8	D-VBG		

Fab-Nr	Typ	Bau-jahr	Liefer-datum	Abnahme	Tfz-Nr	Eigen-tümer	Zulassung	Besonderheit
21315	ES 64 U4-B	2008		29.09.2008	183 500-8	D-RADVE		
21322	ES 64 U4 ES 64 U4-B	2008		16.12.2009 U 28.08.2012	183 701-2 1216 933-2	D-PRESS A-LOGS		»Train of Ideas«
21323	ES 64 U4 ES 64 U4-B	2009		23.03.2009 U 29.06.2011	183 702-0 1216 932-3	D-PRESS A-LOGS		
21605	ES 64 U4-C	2009		16.12.2009 U 02.2014	183 704-6 1216 951-4	D-WLC A-CD		České dráhy
21606	ES 64 U4-C	2008		16.12.2009 U 02.2014	183 705-3 1216 952-2	D-WLC A-CD		České dráhy
21670	ES 64 U4-B ES 64 U4-G	2011		25.11.2011 U 28.06.2012	183 712-9 1216 960-5	D-PCW A-STBAT		
21671	ES 64 U4-B ES 64 U4-B	2011		25.11.2011 U _.09.2012	183 713-7 1216 955-5	D-PCW A-WLC		»Roland«
21672	ES 64 U4-B	2011		__.__.2011	183 714-5	D-AWT		
21675	ES 64 U4-B	2011		__.__.2012	183 717-8	D-STBAT		
21676	ES 64 U4-B	2011		__.__.2012	183 718-6	D-AWT		
21677	ES 64 U4-A	2011		__.__.2012	183 719-4	D-PCI		
20348	ES 64 U2	1999	11.02.2000	08.03.2000	1016 001-8	A-ÖBB	A, D	
20349	ES 64 U2	1999	19.01.2000	17.02.2000	1016 002-6	A-ÖBB	A, D	
20350	ES 64 U2	1999	05.01.2000	04.02.2000	1016 003-4	A-ÖBB	A, D	
20352	ES 64 U2	2000	02.03.2000	31.03.2000	1016 004-2	A-ÖBB	A, D	
20353	ES 64 U2	2000	15.03.2000	14.04.2000	1016 005-9	A-ÖBB	A, D	
20354	ES 64 U2	2000	29.03.2000	20.04.2000	1016 006-7	A-ÖBB	A, D	
20355	ES 64 U2	2000	12.04.2000	12.05.2000	1016 007-5	A-ÖBB	A, D	»Sonny Boy«
20356	ES 64 U2	2000	27.04.2000	25.05.2000	1016 008-3	A-ÖBB	A, D	
20357	ES 64 U2	2000	10.05.2000	09.06.2000	1016 009-1	A-ÖBB	A, D	
20358	ES 64 U2	2000	24.05.2000	24.05.2000	1016 010-9	A-ÖBB	A, D	
20359	ES 64 U2	2000	07.06.2000	07.07.2000	1016 011-7	A-ÖBB	A, D	»Roco«
20360	ES 64 U2	2000	23.06.2000	13.07.2000	1016 012-5	A-ÖBB	A, D	
20361	ES 64 U2	2000	26.07.2000	25.08.2000	1016 013-3	A-ÖBB	A, D	
20362	ES 64 U2	2000	18.08.2000	15.09.2000	1016 014-1	A-ÖBB	A, D	CAT – City Airport Train
20363	ES 64 U2	2000	06.07.2000	16.07.2000	1016 015-8	A-ÖBB	A, D	
20364	ES 64 U2	2000	30.08.2000	29.09.2000	1016 016-6	A-ÖBB	A, D	CAT – City Airport Train
20365	ES 64 U2	2000	13.09.2000	13.10.2000	1016 017-4	A-ÖBB	A, D	
20366	ES 64 U2	2000	25.09.2000	25.10.2000	1016 018-2	A-ÖBB	A, D	
20367	ES 64 U2	2000	09.10.2000	08.11.2000	1016 019-0	A-ÖBB	A, D	
20368	ES 64 U2	2000	23.10.2000	22.10.2000	1016 020-8	A-ÖBB	A, D	»Klimaschutz«, »Wirtschaftskammer«
20369	ES 64 U2	2000	30.10.2000	29.11.2000	1016 021-6	A-ÖBB	A, D	»Nationalpark Kalkalpen«, »Salzburg Candidate City EURO2008«, »Gösser«
20370	ES 64 U2	2000	13.11.2000	12.12.2000	1016 022-4	A-ÖBB	A, D	
20371	ES 64 U2	2000	02.01.2001	01.02.2001	1016 023-2	A-ÖBB	A, D	»ÖBB Green Points - Österreichs grüne Schiene«
20372	ES 64 U2	2000	27.11.2000	27.11.2000	1016 024-0	A-ÖBB	A, D	

Fab-Nr	Typ	Bau-jahr	Liefer-datum	Abnahme	Tfz-Nr	Eigen-tümer	Zulassung	Besonderheit
20373	ES 64 U2	2000	11.12.2000	10.01.2001	1016 025-7	A-ÖBB	A, D	UEFA EURO 2008 »Portugal«
20374	ES 64 U2	2000	08.01.2001	07.02.2001	1016 026-5	A-ÖBB	A, D	
20377	ES 64 U2	2001	15.01.2001	14.02.2001	1016 027-3	A-ÖBB	A, D	
20375	ES 64 U2	2001	22.01.2001	21.02.2001	1016 028-1	A-ÖBB	A, D	
20376	ES 64 U2	2001	29.01.2001	28.02.2001	1016 029-9	A-ÖBB	A, D	
20378	ES 64 U2	2001	05.02.2001	07.03.2001	1016 030-7	A-ÖBB	A, D	»Mausbär«
20379	ES 64 U2	2001	12.02.2001	14.03.2001	1016 031-5	A-ÖBB	A, D	
20380	ES 64 U2	2001	19.02.2001	21.03.2001	1016 032-3	A-ÖBB	A, D	
20381	ES 64 U2	2001	26.02.2001	28.03.2001	1016 033-1	A-ÖBB	A, D	
20382	ES 64 U2	2001	05.03.2001	04.04.2001	1016 034-9	A-ÖBB	A, D	RailJet Variante 8, »Spirit of Salzburg«
20383	ES 64 U2	2001	12.03.2001	11.04.2001	1016 035-6	A-ÖBB	A, D	RailJet Variante 9, »Spirit of Linz«
20384	ES 64 U2	2001	02.04.2001	02.05.2001	1016 036-4	A-ÖBB	A, D	CAT – City Airport Train
20385	ES 64 U2	2001	09.04.2001	25.04.2001	1016 037-2	A-ÖBB	A, D	
20386	ES 64 U2	2001	26.03.2001	25.04.2001	1016 038-0	A-ÖBB	A, D	
20387	ES 64 U2	2001	19.03.2001	18.04.2001	1016 039-8	A-ÖBB	A, D	
20388	ES 64 U2	2001	17.04.2001	17.05.2001	1016 040-6	A-ÖBB	A, D	
20389	ES 64 U2	2001	23.04.2001	23.05.2001	1016 041-4	A-ÖBB	A, D	
20390	ES 64 U2	2001	02.05.2001	01.06.2001	1016 042-2	A-ÖBB	A, D	
20391	ES 64 U2	2001	07.05.2001	06.06.2001	1016 043-0	A-ÖBB	A, D	
20392	ES 64 U2	2001	14.05.2001	13.06.2001	1016 044-8	A-ÖBB	A, D	
20393	ES 64 U2	2001	21.05.2001	20.06.2001	1016 045-5	A-ÖBB	A, D	
20394	ES 64 U2	2001	28.05.2001	27.06.2001	1016 046-3	A-ÖBB	A, D	
20395	ES 64 U2	2001	05.06.2001	05.07.2001	1016 047-1	A-ÖBB	A, D	»Wiener Städtische Versicherung«
20396	ES 64 U2	2001	11.06.2001	11.07.2001	1016 048-9	A-ÖBB	A, D	»Edeltraud«, »Niederösterreichischer Landesfeuerwehrverband«
20397	ES 64 U2	2001	18.06.2001	18.07.2001	1016 049-7	A-ÖBB	A, D	
20398	ES 64 U2	2001	25.06.2001	25.06.2001	1016 050-5	A-ÖBB	A, D	»Helmut«
20351	ES 64 U2-V5	2000	02.02.2000	08.03.2000	1116 001-7	A-ÖBB	A, D, H	
20399	ES 64 U2	2001	02.07.2001	01.08.2001	1116 002-5	A-ÖBB	A, D, H	
20400	ES 64 U2	2001	09.07.2001	08.08.2001	1116 003-3	A-ÖBB	A, D, H	UEFA EURO 2008 »Frankreich«, »Rail Cargo Austria«
20401	ES 64 U2	2001	16.07.2001	15.08.2001	1116 004-1	A-ÖBB	A, D, H	
20402	ES 64 U2	2001	23.07.2001	22.08.2001	1116 005-8	A-ÖBB	A, D, H	UEFA EURO 2008 »Österreich«
20403	ES 64 U2	2001	30.07.2001	29.08.2001	1116 006-6	A-ÖBB	A, D, H	
20405	ES 64 U2	2001	06.08.2001	19.09.2001	1116 007-4	A-ÖBB	A, D, H	UEFA EURO 2008 »Griechenland«, »60 Jahre SOS Kinderdorf«
20404	ES 64 U2	2001	20.08.2001	05.09.2001	1116 008-2	A-ÖBB	A, D, H	
20406	ES 64 U2	2001	13.08.2001	12.09.2001	1116 009-0	A-ÖBB	A, D, H	
20407	ES 64 U2	2001	27.08.2001	26.09.2001	1116 010-8	A-ÖBB	A, D, H	»Welt-Eisenbahn-Kongress Wien«, »Rail Cargo Hungaria«
20408	ES 64 U2	2001	03.09.2001	03.10.2001	1116 011-6	A-ÖBB	A, D, H	
20409	ES 64 U2	2001	10.09.2001	10.10.2001	1116 012-4	A-ÖBB	A, D, H	
20411	ES 64 U2	2001	17.09.2001	17.10.2001	1116 013-2	A-ÖBB	A, D, H	

Fab-Nr	Typ	Bau-jahr	Liefer-datum	Abnahme	Tfz-Nr	Eigen-tümer	Zulassung	Besonderheit
20410	ES 64 U2	2001	24.09.2001	24.09.2001	1116 014-0	A-ÖBB	A, D, H, RO, BG	
20412	ES 64 U2	2001	08.10.2001	07.11.2001	1116 015-7	A-ÖBB	A, D, H, RO, BG	
20413	ES 64 U2	2001	15.10.2001	14.11.2001	1116 016-5	A-ÖBB	A, D, H	»Rail Cargo Group«
20414	ES 64 U2	2001	08.10.2001	07.11.2001	1116 017-3I	A-ÖBB	A, D, H	06.02.2007 Unfall, 2009 + und ++
21629	ES 64 U2	2008		07.12.2009	1116 017-3II	A-ÖBB		
20415	ES 64 U2	2001	22.10.2001	21.11.2001	1116 018-1	A-ÖBB	A, D, H	
20416	ES 64 U2	2001	29.10.2001	28.11.2001	1116 019-9	A-ÖBB	A, D, H	»Válts Vasútra«
20417	ES 64 U2	2001	12.11.2001	12.12.2001	1116 020-7	A-ÖBB	A, D, H	
20418	ES 64 U2	2001	05.11.2001	05.12.2001	1116 021-5	A-ÖBB	A, D, H, RO, BG	»15.000 Züge für Audi«
20419	ES 64 U2	2001	19.11.2001	19.12.2001	1116 022-3	A-ÖBB	A, D, H, RO, BG	
20420	ES 64 U2	2001	26.11.2001	26.12.2001	1116 023-1	A-ÖBB	A, D, H, RO, BG	
20421	ES 64 U2	2001	03.12.2001	02.01.2002	1116 024-9	A-ÖBB	A, D, H, RO, BG	
20422	ES 64 U2	2001	10.12.2001	09.01.2002	1116 025-6	A-ÖBB	A, D, H, RO, BG	
20455	ES 64 U2	2001	17.12.2001	16.01.2002	1116 026-4	A-ÖBB	A, D, H	
20456	ES 64 U2	2002	07.01.2002	06.02.2002	1116 027-2	A-ÖBB	A, D, H	
20457	ES 64 U2	2002	14.01.2002	13.02.2002	1116 028-0	A-ÖBB		
20458	ES 64 U2	2002	08.01.2002	08.02.2002	1116 029-8	A-ÖBB	A, D	UEFA EURO 2008 »Schweden«
20459	ES 64 U2	2002	21.01.2002	20.02.2002	1116 030-6	A-ÖBB		
20460	ES 64 U2	2002	16.01.2001	15.02.2002	1116 031-4	A-ÖBB	A,D	UEFA EURO 2008 »Türkei«
20461	ES 64 U2	2002	23.01.2002	22.02.2002	1116 032-2	A-ÖBB		
20462	ES 64 U2	2002	28.01.2002	27.02.2002	1116 033-0	A-ÖBB		»Telekom-Austria«
20463	ES 64 U2	2002	06.02.2002	08.03.2002	1116 034-8	A-ÖBB		
20464	ES 64 U2	2002	30.01.2002	31.01.2002	1116 035-5	A-ÖBB		
20465	ES 64 U2	2002	04.02.2002	06.03.2002	1116 036-3	A-ÖBB		UEFA EURO 2008 »Deutschland«
20466	ES 64 U2	2002	25.02.2002	27.03.2002	1116 037-1	A-ÖBB		
20467	ES 64 U2	2002	11.02.2002	13.03.2002	1116 038-9	A-ÖBB		»Siemens«
20468	ES 64 U2	2002	18.02.2002	20.03.2002	1116 039-7	A-ÖBB		
20469	ES 64 U2	2002	20.03.2002	19.04.2002	1116 040-5	A-ÖBB		»Norbert«
20470	ES 64 U2	2002	20.02.2002	22.03.2002	1116 041-3	A-ÖBB		UEFA EURO 2008 »Niederlande«, »Carmen & Christian«
20471	ES 64 U2	2002	04.03.2002	03.04.2002	1116 042-1	A-ÖBB		
20472	ES 64 U2	2002	06.03.2002	05.04.2002	1116 043-9	A-ÖBB		
20473	ES 64 U2	2002	27.03.2002	27.04.2002	1116 044-7	A-ÖBB		
20474	ES 64 U2	2002	11.03.2002	10.04.2002	1116 045-4	A-ÖBB		
20475	ES 64 U2	2002	13.03.2002	12.04.2002	1116 046-2	A-ÖBB		
20476	ES 64 U2	2002	17.04.2002	17.05.2002	1116 047-0	A-ÖBB		
20477	ES 64 U2	2002	25.03.2002	24.04.2002	1116 048-8	A-ÖBB		

Fab-Nr	Typ	Bau-jahr	Liefer-datum	Abnahme	Tfz-Nr	Eigen-tümer	Zulassung	Besonderheit
20478	ES 64 U2	2002	03.04.2002	03.05.2002	1116 049-6	A-ÖBB		
20479	ES 64 U2	2002	10.04.2002	10.05.2002	1116 050-4	A-ÖBB		
20480	ES 64 U2	2002	08.04.2002	08.05.2002	1116 051-2	A-ÖBB		
20481	ES 64 U2	2002	29.04.2002	29.05.2002	1116 052-0	A-ÖBB		
20482	ES 64 U2	2002	_.03.2002	24.05.2002	1116 053-8	A-ÖBB		
20483	ES 64 U2	2002	22.04.2002	22.05.2002	1116 054-4	A-ÖBB		
20484	ES 64 U2	2002	22.05.2002	21.06.2002	1116 055-3	A-ÖBB		
20485	ES 64 U2	2002	03.06.2002	03.06.2002	1116 056-1	A-ÖBB		UEFA EURO 2008 »Rumänien«, »Mohlibert«
20486	ES 64 U2	2002	06.05.2002	05.06.2002	1116 057-9	A-ÖBB		
20487	ES 64 U2	2002	27.05.2002	26.06.2002	1116 058-7	A-ÖBB		
20488	ES 64 U2	2002	15.05.2002	14.06.2002	1116 059-5	A-ÖBB		
20489	ES 64 U2	2002	13.05.2002	12.06.2002	1116 060-3	A-ÖBB		
20490	ES 64 U2	2002	05.06.2002	05.07.2002	1116 061-1	A-ÖBB		
20491	ES 64 U2	2002	10.06.2002	10.07.2002	1116 062-9I	A-ÖBB		05.2007 Unfall, 09.2009 ++
21628	ES 64 U2	2008		29.10.2010	1116 062-9II	A-ÖBB		
20492	ES 64 U2	2002	17.06.2002	17.07.2002	1116 063-7	A-ÖBB		
20493	ES 64 U2	2002	19.06.2002	19.07.2002	1116 064-5	A-ÖBB		
20494	ES 64 U2	2002	24.06.2002	24.07.2002	1116 065-2	A-ÖBB		
20495	ES 64 U2	2002	01.07.2002	31.07.2002	1116 066-0	A-ÖBB		
20496	ES 64 U2	2002	03.07.2002	02.08.2002	1116 067-8	A-ÖBB		
20497	ES 64 U2	2002	08.07.2002	07.08.2002	1116 068-6	A-ÖBB		
20498	ES 64 U2	2002	29.07.2002	28.08.2002	1116 069-4	A-ÖBB		
20499	ES 64 U2	2002	15.07.2002	14.08.2002	1116 070-2	A-ÖBB		
20500	ES 64 U2	2002	17.07.2002	16.08.2002	1116 071-0	A-ÖBB		»RailCargoGroup«
20501	ES 64 U2	2002	22.07.2002	21.08.2002	1116 072-8	A-ÖBB		»Gebrüder Weiss – Rail Cargo Group Lok«
20502	ES 64 U2	2002	31.07.2002	30.08.2002	1116 073-6	A-ÖBB		
20503	ES 64 U2	2002	12.08.2002	11.09.2002	1116 074-4	A-ÖBB		
20504	ES 64 U2	2002	05.08.2002	04.09.2002	1116 075-1	A-ÖBB		UEFA EURO 2008 »Schweiz«
20505	ES 64 U2	2002	19.08.2002	18.09.2002	1116 076-9	A-ÖBB		
20506	ES 64 U2	2002	21.08.2002	20.09.2002	1116 077-7	A-ÖBB		»Galileo – Michelangelo«, »Christof«
20507	ES 64 U2	2002	02.09.2002	02.10.2002	1116 078-5	A-ÖBB		»BABSI«
20508	ES 64 U2	2002	26.08.2002	25.09.2002	1116 079-3	A-ÖBB		
20509	ES 64 U2	2002	23.09.2002	23.10.2002	1116 080-1	A-ÖBB		UEFA EURO 2008
20510	ES 64 U2	2002	18.09.2002	18.10.2002	1116 081-9	A-ÖBB		
20511	ES 64 U2	2002	04.09.2002	04.10.2002	1116 082-7	A-ÖBB		
20512	ES 64 U2	2002	09.09.2002	09.10.2002	1116 083-5	A-ÖBB		
20513	ES 64 U2	2002	16.09.2002	16.10.2002	1116 084-3	A-ÖBB		UEFA EURO 2008 »Russland«
20514	ES 64 U2	2002	30.09.2002	30.10.2002	1116 085-0	A-ÖBB		»Walter«
20515	ES 64 U2	2002	07.10.2002	06.11.2002	1116 086-8	A-ÖBB		
20516	ES 64 U2	2002	02.10.2002	01.11.2002	1116 087-6	A-ÖBB		UEFA EURO 2008 »Polen«
20517	ES 64 U2	2002	14.10.2002	13.11.2002	1116 088-4	A-ÖBB		
20518	ES 64 U2	2002	16.10.2002	15.11.2002	1116 089-2	A-ÖBB		»Manuel«

Fab-Nr	Typ	Bau-jahr	Liefer-datum	Abnahme	Tfz-Nr	Eigen-tümer	Zulassung	Besonderheit
20519	ES 64 U2	2002	21.10.2002	20.11.2002	1116 090-0	A-ÖBB		
20520	ES 64 U2	2002	28.10.2002	27.11.2002	1116 091-8	A-ÖBB		
20521	ES 64 U2	2002	30.10.2002	29.11.2002	1116 092-3	A-ÖBB		
20522	ES 64 U2	2002	04.11.2002	04.12.2002	1116 093-4	A-ÖBB		
20523	ES 64 U2	2002	11.11.2002	11.12.2002	1116 094-2	A-ÖBB		
20524	ES 64 U2	2002	13.11.2002	13.11.2002	1116 095-9	A-ÖBB		
20525	ES 64 U2	2002	18.11.2002	18.12.2002	1116 096-7	A-ÖBB		
20526	ES 64 U2	2002	25.11.2002	25.12.2002	1116 097-5	A-ÖBB		
20527	ES 64 U2	2002	27.11.2002	31.12.2002	1116 098-3	A-ÖBB		
20528	ES 64 U2	2002	02.12.2002	31.12.2002	1116 099-1	A-ÖBB		
20529	ES 64 U2	2002	09.12.2002	31.12.2002	1116 100-7	A-ÖBB		»30 Jahre Licht ins Dunkel«
20530	ES 64 U2	2002	14.01.2003	13.02.2003	1116 101-5	A-ÖBB		»Wir sind Kaiser«
20531	ES 64 U2	2002	18.12.2002	31.12.2002	1116 102-3	A-ÖBB		
20532	ES 64 U2	2002	17.01.2003	16.02.2003	1116 103-1	A-ÖBB		
20533	ES 64 U2	2002		15.01.2003	1116 104-9	A-ÖBB		
20534	ES 64 U2	2002	20.01.2003	19.02.2003	1116 105-6	A-ÖBB		
20535	ES 64 U2	2002	22.01.2003	21.02.2003	1116 106-4	A-ÖBB		
20536	ES 64 U2	2002	27.01.2003	26.02.2003	1116 107-2	A-ÖBB		
20537	ES 64 U2	2002	29.01.2003	28.02.2003	1116 108-0	A-ÖBB		UEFA EURO 2008 »Kroatien«
20538	ES 64 U2	2003	03.02.2003	05.03.2003	1116 109-8	A-ÖBB		
20539	ES 64 U2	2003	05.02.2003	07.03.2003	1116 110-6	A-ÖBB		
20540	ES 64 U2	2003	10.02.2003	12.03.2003	1116 111-4	A-ÖBB		
20541	ES 64 U2	2003	12.02.2003	17.02.2003	1116 112-2	A-ÖBB		»160 Jahre Ostbahn«
20542	ES 64 U2	2003	17.02.2003	19.03.2003	1116 113-0	A-ÖBB		
20543	ES 64 U2	2003	19.02.2003	21.03.2003	1116 114-8	A-ÖBB		
20544	ES 64 U2	2003	24.02.2003	24.02.2003	1116 115-5	A-ÖBB		
20545	ES 64 U2	2003	26.02.2003	28.03.2003	1116 116-3	A-ÖBB		
20546	ES 64 U2	2003	03.03.2003	02.04.2003	1116 117-1	A-ÖBB		
20547	ES 64 U2	2003	05.03.2003	02.04.2003	1116 118-9	A-ÖBB		
20548	ES 64 U2	2003	10.03.2003	04.04.2003	1116 119-7	A-ÖBB		
20549	ES 64 U2	2003	17.03.2003	17.03.2003	1116 120-5	A-ÖBB		
20550	ES 64 U2	2003	19.03.2003	18.04.2003	1116 121-3	A-ÖBB		
20551	ES 64 U2	2003	24.03.2003	24.03.2003	1116 122-1	A-ÖBB		
20552	ES 64 U2	2003	31.03.2003	30.04.2003	1116 123-9	A-ÖBB		
20553	ES 64 U2	2003		02.05.2003	1116 124-7	A-ÖBB		
20554	ES 64 U2	2003		07.04.2003	1116 125-4	A-ÖBB		
20847	ES 64 U2	2003		09.05.2003	1116 126-2	A-ÖBB		»Licht ins Dunkel«
20848	ES 64 U2	2003		14.05.2003	1116 127-0	A-ÖBB		
20849	ES 64 U2	2003		23.04.2003	1116 128-8	A-ÖBB		
20850	ES 64 U2	2003		28.05.2003	1116 129-6	A-ÖBB		
20851	ES 64 U2	2003		30.05.2003	1116 130-4	A-ÖBB		»Frontrunner«, »10 Jahre E-card«
21036	ES 64 U2	2003		20.10.2003	1116 131-2	A-ÖBB		

Fab-Nr	Typ	Bau-jahr	Liefer-datum	Abnahme	Tfz-Nr	Eigen-tümer	Zulassung	Besonderheit
20853	ES 64 U2	2003		18.06.2003	1116 132-0	A-ÖBB		
20854	ES 64 U2	2003		25.06.2003	1116 133-8	A-ÖBB		
20855	ES 64 U2	2003		27.06.2003	1116 134-6	A-ÖBB		»Kurt«
20856	ES 64 U2	2003		02.07.2003	1116 135-3	A-ÖBB		
20857	ES 64 U2	2003		11.07.2003	1116 136-1	A-ÖBB		
20858	ES 64 U2	2003		16.07.2003	1116 137-9	A-ÖBB		
20859	ES 64 U2	2003		18.07.2003	1116 138-7	A-ÖBB		»50 Jahre Heeressport«
20860	ES 64 U2	2003		25.06.2003	1116 139-5	A-ÖBB		»Johann«
20861	ES 64 U2	2003		25.06.2003	1116 140-3	A-ÖBB		
20862	ES 64 U2	2003		01.08.2003	1116 141-1	A-ÖBB		»Siemens«, »Klagenfurt«, »CAT – City Airport Train«
20863	ES 64 U2	2003		06.08.2003	1116 142-9	A-ÖBB		»CAT – City Airport Train«
20864	ES 64 U2	2003		08.08.2003	1116 143-7	A-ÖBB		» 40 Jahre RCA & Montan Spedition«
20865	ES 64 U2	2003		13.08.2003	1116 144-5	A-ÖBB		
20866	ES 64 U2	2003		20.08.2003	1116 145-2	A-ÖBB		
20867	ES 64 U2	2003		22.08.2003	1116 146-0	A-ÖBB		
20868	ES 64 U2	2003		27.08.2003	1116 147-8	A-ÖBB		»Wien Südbahnhof«
20869	ES 64 U2	2003		03.09.2003	1116 148-6	A-ÖBB		
20870	ES 64 U2	2003		05.09.2003	1116 149-4	A-ÖBB		
20871	ES 64 U2	2003		10.09.2003	1116 150-2	A-ÖBB		
20872	ES 64 U2	2003		12.09.2003	1116 151-0	A-ÖBB		
20873	ES 64 U2	2003		26.09.2003	1116 152-8	A-ÖBB		RailJet
20874	ES 64 U2	2003		01.10.2003	1116 153-6	A-ÖBB		RailJet, »Cats«, »ÖAMTC«
20875	ES 64 U2	2003		03.10.2003	1116 154-4	A-ÖBB		RailJet
20876	ES 64 U2	2003		08.10.2003	1116 155-1	A-ÖBB		RailJet
20877	ES 64 U2	2003		15.10.2003	1116 156-9	A-ÖBB		RailJet
20878	ES 64 U2	2003		17.10.2003	1116 157-7	A-ÖBB		RailJet »Gemeinsam sicher mit den ÖBB«
20879	ES 64 U2	2003		22.10.2003	1116 158-5	A-ÖBB		RailJet » Licht ins Dunkel« (Sternelok)
20880	ES 64 U2	2003		29.10.2003	1116 159-3	A-ÖBB		»150 Jahre Brennerbahn«, »Sparda-Bank«
20881	ES 64 U2	2003		01.10.2003	1116 160-1	A-ÖBB		
20882	ES 64 U2	2003		06.10.2003	1116 161-9	A-ÖBB		
20883	ES 64 U2	2003		13.10.2003	1116 162-7	A-ÖBB		
20884	ES 64 U2	2003		15.10.2003	1116 163-5	A-ÖBB		
20885	ES 64 U2	2003		14.11.2003	1116 164-3	A-ÖBB		»Leo«
20886	ES 64 U2	2003		26.11.2003	1116 165-0	A-ÖBB		»BIO Austria«
20887	ES 64 U2	2003		28.11.2003	1116 166-8	A-ÖBB		
20888	ES 64 U2	2003		03.11.2003	1116 167-6	A-ÖBB		
20889	ES 64 U2	2003		10.11.2003	1116 168-4	A-ÖBB		»Vegatrans & Rail Cargo Group«, »NaSicher«
20890	ES 64 U2	2003		12.11.2003	1116 169-2	A-ÖBB		
20891	ES 64 U2	2003		17.11.2003	1116 170-0	A-ÖBB		»Eurovision Song Contest 2015«
21074	ES 64 U2	2004		03.05.2004	1116 171-8	A-ÖBB		
20893	ES 64 U2	2003		24.11.2003	1116 172-6	A-ÖBB		
20894	ES 64 U2	2003		26.11.2003	1116 173-4	A-ÖBB		»Sensi«

Fab-Nr	Typ	Baujahr	Lieferdatum	Abnahme	Tfz-Nr	Eigentümer	Zulassung	Besonderheit
20895	ES 64 U2	2003		01.12.2003	1116 174-2	A-ÖBB		
20896	ES 64 U2	2003		03.12.2003	1116 175-9	A-ÖBB		
20897	ES 64 U2	2003		10.12.2003	1116 176-7	A-ÖBB		
20898	ES 64 U2	2003		15.12.2003	1116 177-5	A-ÖBB		
20899	ES 64 U2	2003		17.12.2003	1116 178-3	A-ÖBB		
20900	ES 64 U2	2003		14.01.2004	1116 179-1	A-ÖBB		
20901	ES 64 U2	2003		19.01.2004	1116 180-9	A-ÖBB		»Eurovision Song Contest 2015 - Building Bridges«
20902	ES 64 U2	2003		21.01.2004	1116 181-7	A-ÖBB		»Hanspeter«, »ÖBB Cityjet«
20903	ES 64 U2	2003		02.02.2004	1116 182-5	A-ÖBB		»Einsatzkommando Cobra«, »Bundesheer«
20904	ES 64 U2	2003		04.02.2004	1116 183-3	A-ÖBB		
20905	ES 64 U2	2003		09.02.2004	1116 184-1	A-ÖBB		
20906	ES 64 U2	2003		23.02.2004	1116 185-8	A-ÖBB		
20907	ES 64 U2	2003		25.02.2004	1116 186-6	A-ÖBB		
20908	ES 64 U2	2003		01.03.2004	1116 187-4	A-ÖBB		
20909	ES 64 U2	2003		22.03.2004	1116 188-2	A-ÖBB		
20910	ES 64 U2	2003		22.03.2004	1116 189-0	A-ÖBB		
20911	ES 64 U2	2004		07.04.2004	1116 190-8	A-ÖBB		
20912	ES 64 U2	2004		14.04.2004	1116 191-6	A-ÖBB		
20913	ES 64 U2	2004		19.04.2004	1116 192-4	A-ÖBB		
20921	ES 64 U2	2004		21.06.2004	1116 193-2	A-ÖBB		»Manfred«
20915	ES 64 U2	2004		10.05.2004	1116 194-0	A-ÖBB		
20916	ES 64 U2	2004		19.05.2004	1116 195-7	A-ÖBB		Nightjet
20917	ES 64 U2	2004		24.05.2004	1116 196-5	A-ÖBB		»Rupert«
20918	ES 64 U2	2004		02.06.2004	1116 197-3	A-ÖBB		»ÖBB Technische Services«
20919	ES 64 U2	2004		14.06.2004	1116 198-1	A-ÖBB		
20920	ES 64 U2	2004		28.06.2004	1116 199-9	A-ÖBB		»60 Jahre ROCO«, »Karriere«
20914	ES 64 U2	2004		05.05.2004	1116 200-5	A-ÖBB		RailJet Variante 10 »150 Jahre Semmering«, RailJet »Spirit of Vienna«, »Demokratie in Bewegung«
20922	ES 64 U2	2004		05.07.2004	1116 201-3	A-ÖBB	D, A, CH, H	RailJet »Spirit of Vienna«
20923	ES 64 U2	2004		12.07.2004	1116 202-1	A-ÖBB	D, A, CH, H	RailJet
20924	ES 64 U2	2004		19.07.2004	1116 203-9	A-ÖBB	D, A, CH, H	RailJet »Spirit of Linz«
20925	ES 64 U2	2004		21.07.2004	1116 204-7	A-ÖBB	D, A, CH, H	RailJet »Spirit of Austria«
20926	ES 64 U2	2004		02.08.2004	1116 205-4	A-ÖBB	D, A, CH, H	RailJet »Spirit of Europe«
20927	ES 64 U2	2004		09.08.2004	1116 206-2	A-ÖBB	D, A, CH, H	RailJet
20928	ES 64 U2	2004		16.08.2004	1116 207-0	A-ÖBB	D, A, CH, H	RailJet
20929	ES 64 U2	2004		25.08.2004	1116 208-8	A-ÖBB	D, A, CH, H	RailJet »Spirit of Germany«
20930	ES 64 U2	2004		30.08.2004	1116 209-6	A-ÖBB	D, A, CH, H	RailJet
20931	ES 64 U2	2004		06.09.2004	1116 210-4	A-ÖBB	D, A, CH, H	RailJet »Spirit of Budapest«
20932	ES 64 U2	2004		13.09.2004	1116 211-2	A-ÖBB	D, A, CH, H	RailJet »Spirit of Munich«
20933	ES 64 U2	2004		20.09.2004	1116 212-0	A-ÖBB	D, A, CH, H	RailJet
20934	ES 64 U2	2004		27.09.2004	1116 213-2	A-ÖBB	D, A, CH, H	RailJet
20935	ES 64 U2	2004		04.10.2004	1116 214-6	A-ÖBB	D, A, CH, H	RailJet »Spirit of Hungary«

Fab-Nr	Typ	Baujahr	Lieferdatum	Abnahme	Tfz-Nr	Eigentümer	Zulassung	Besonderheit
20936	ES 64 U2	2004		06.10.2004	1116 215-3	A-ÖBB	D, A, CH, H	RailJet »Spirit of Salzburg«
20937	ES 64 U2	2004		13.10.2004	1116 216-1	A-ÖBB	D, A, CH, H	RailJet
20938	ES 64 U2	2004		18.10.2004	1116 217-9	A-ÖBB	D, A, CH, H	RailJet »Spirit of Switzerland«
20939	ES 64 U2	2004		20.10.2004	1116 218-7	A-ÖBB	D, A, CH, H	RailJet »Spirit of Zürich«
20940	ES 64 U2	2004		27.10.2004	1116 219-5	A-ÖBB	D, A, CH, H	RailJet
20941	ES 64 U2	2004		08.11.2004	1116 220-3	A-ÖBB	D, A, CH, H	RailJet »Spirit of Innsbruck«
20942	ES 64 U2	2004		10.11.2004	1116 221-1	A-ÖBB	D, A, CH, H	RailJet
20943	ES 64 U2	2004		15.11.2004	1116 222-9	A-ÖBB	D, A, CH, H	RailJet, »The Red Bulletin«
20944	ES 64 U2	2004		22.11.2004	1116 223-7	A-ÖBB	D, A, CH, H	RailJet »Spirit of Innsbruck«
20945	ES 64 U2	2004		29.11.2004	1116 224-5	A-ÖBB	D, A, H	RailJet
20946	ES 64 U2	2004		06.12.2004	1116 225-2	A-ÖBB	D, A, H	RailJet, »ÖBB & ÖFB«, » ÖBB Heute. Morgen. Für uns.«
20947	ES 64 U2	2004		13.12.2004	1116 226-0	A-ÖBB	D, A, H	RailJet
20948	ES 64 U2	2004		20.12.2004	1116 227-8	A-ÖBB	D, A, H	RailJet
20949	ES 64 U2	2004		05.01.2005	1116 228-6	A-ÖBB	D, A, H	RailJet
20950	ES 64 U2	2004		12.01.2005	1116 229-4	A-ÖBB	D, A, H	RailJet, »Steinbach – we are pool«,
20951	ES 64 U2	2004		19.01.2005	1116 230-2	A-ÖBB	D, A, H	RailJet
20952	ES 64 U2	2004		26.01.2005	1116 231-0	A-ÖBB	D, A	RailJet, »A1 5 Giga«,
20953	ES 64 U2	2004		02.02.2005	1116 232-8	A-ÖBB	D, A	RailJet, UEFA EURO 2008 »Spanien«, »ORF TVthek«, »Die Zukunft hat begonnen«
20954	ES 64 U2	2004		09.02.2005	1116 233-6	A-ÖBB	D, A	RailJet
20955	ES 64 U2	2004		16.02.2005	1116 234-4	A-ÖBB	D, A	RailJet
20956	ES 64 U2	2004		28.02.2005	1116 235-1	A-ÖBB	D, A	RailJet
20957	ES 64 U2	2004		02.03.2005	1116 236-9	A-ÖBB	D, A	RailJet
20958	ES 64 U2	2004		09.03.2005	1116 237-7	A-ÖBB	D, A	RailJet
20959	ES 64 U2	2004		16.03.2005	1116 238-5	A-ÖBB	D, A	RailJet
20960	ES 64 U2	2004		23.03.2005	1116 239-3	A-ÖBB	D, A	RailJet
20961	ES 64 U2	2004		30.03.2005	1116 240-1	A-ÖBB	D, A	RailJet
20962	ES 64 U2	2004		13.04.2005	1116 241-9	A-ÖBB	D, A	RailJet
20963	ES 64 U2	2004		20.04.2005	1116 242-7	A-ÖBB	D, A	RailJet
20964	ES 64 U2	2004		27.04.2005	1116 243-5	A-ÖBB	D, A	RailJet
20965	ES 64 U2	2004		04.05.2005	1116 244-3	A-ÖBB	D, A	RailJet, »Klimaticket – ÖBB Klimajet«
20966	ES 64 U2	2004		11.05.2005	1116 245-0	A-ÖBB	D, A	RailJet
20967	ES 64 U2	2004		18.05.2005	1116 246-8	A-ÖBB	D, A	RailJet, »50 Jahre Bundesheer«, RailJet
20968	ES 64 U2	2004		30.05.2005	1116 247-6	A-ÖBB	D, A	RailJet
20969	ES 64 U2	2004		06.06.2005	1116 248-4	A-ÖBB	D, A	RailJet, » The Red Bulletin Fashion-Train«
20970	ES 64 U2	2005		15.06.2005	1116 249-2	A-ÖBB	D, A	RailJet, »FIS Alpine Ski WM Schladming 2013«, »175 Jahre Eisenbahn in Österreich«, »ÖBB & ÖFB«
20971	ES 64 U2	2004		13.06.2005	1116 250-0	A-ÖBB	D, A	RailJet, »ÖBFV Feuerwehr«, »Polizei«, »Mozart«
21200	ES 64 U2	2005		22.06.2005	1116 251-8	A-ÖBB	D, A	RailJet, »Ski Austria«, »100 Jahre ÖBB«
21201	ES 64 U2	2005		29.06.2005	1116 252-6	A-ÖBB		
21202	ES 64 U2	2005		06.07.2005	1116 253-4	A-ÖBB		

Fab-Nr	Typ	Bau-jahr	Liefer-datum	Abnahme	Tfz-Nr	Eigen-tümer	Zulassung	Besonderheit
21203	ES 64 U2	2005		13.07.2005	1116 254-2	A-ÖBB		
21204	ES 64 U2	2005		18.07.2005	1116 255-9	A-ÖBB		»Wilhelm Haberzettl«
21205	ES 64 U2	2005		25.07.2005	1116 256-7	A-ÖBB		»RCA/AUDI – Wir transportieren CO2frei«
21206	ES 64 U2	2005		03.08.2005	1116 257-5	A-ÖBB		
21207	ES 64 U2	2005		10.08.2005	1116 258-3	A-ÖBB		
21208	ES 64 U2	2005		17.08.2005	1116 259-1	A-ÖBB		
21209	ES 64 U2	2005		24.08.2005	1116 260-9	A-ÖBB		»Europäischer Lokführerschein«
21210	ES 64 U2	2005		31.08.2005	1116 261-7	A-ÖBB		
21211	ES 64 U2	2005		07.09.2005	1116 262-5	A-ÖBB		
21212	ES 64 U2	2005		14.09.2005	1116 263-3	A-ÖBB		
21213	ES 64 U2	2005		21.09.2005	1116 264-1	A-ÖBB		»UEFA EURO 2008 – Euromotion«, »Hitradio Ö3«, »Rotes Kreuz«
21214	ES 64 U2	2005		28.09.2005	1116 265-8	A-ÖBB		
21215	ES 64 U2	2005		05.10.2005	1116 266-6	A-ÖBB		
21216	ES 64 U2	2005		12.10.2005	1116 267-4	A-ÖBB		
21217	ES 64 U2	2005		24.10.2005	1116 268-2	A-ÖBB		
21218	ES 64 U2	2005		02.11.2005	1116 269-0	A-ÖBB		
21219	ES 64 U2	2005		07.11.2005	1116 270-8	A-ÖBB		
21220	ES 64 U2	2005		09.11.2005	1116 271-6	A-ÖBB		»ÖBB - Top Performer am Zug«
21221	ES 64 U2	2005		16.11.2005	1116 272-4	A-ÖBB		
21222	ES 64 U2	2005		23.11.2005	1116 273-2	A-ÖBB		
21223	ES 64 U2	2005		30.11.2005	1116 274-0	A-ÖBB		
21224	ES 64 U2	2005		07.12.2005	1116 275-7	A-ÖBB		»Max«
21225	ES 64 U2	2005		13.12.2005	1116 276-5	A-ÖBB		»25 Jahre Österreich in der EU«
21226	ES 64 U2	2005		19.12.2005	1116 277-3	A-ÖBB		
21227	ES 64 U2	2006		11.01.2006	1116 278-1	A-ÖBB		
21228	ES 64 U2	2006		01.02.2006	1116 279-9	A-ÖBB		
21229	ES 64 U2	2006		08.02.2006	1116 280-7	A-ÖBB		»A1 – Mobilcom Austria«
21230	ES 64 U2	2006		23.02.2006	1116 281-5	A-ÖBB		
21231	ES 64 U2	2006		08.03.2006	1116 282-3	A-ÖBB		»Karl-Heinz«
20445	ES 64 U2	2000		12.09.2000 U _.08.2001 U _.10.2002 U 01.01.2007	1116 901-7 182 600-7	 D-HUPAC	 D, A D, A, CH D, A, CH	
20446	ES 64 U2-V3	2000		04.08.2000 U _08.2001 U _08.2003 U 16.08.2010	1116 902-6 182 531-4 242.531	 D-DISPO S-HCTOR	D, A D, A D, A D, A	 Software update »LaMotta«
20447	ES 64 U2	2000		25.08.2000 U _08.2001 U_07.2003 U 01.09.2011	1116 903-4 182 532-2 242.532	 D-DISPO S-HCTOR	D, A D, A D, A D, A	 Software update »Lightyear«

Fab-Nr	Typ	Baujahr	Lieferdatum	Abnahme	Tfz-Nr	Eigentümer	Zulassung	Besonderheit
21087	ES 64 U4-A	2005		01.08.2006	1216 001-8	A-ÖBB		
21089	ES 64 U4-C	2005		_.04.2005	1216 002-6I	A-ÖBB		
	ES 64 U4-C			U _.02.2006	1216 226-1	A-ÖBB		»Europa-Lok«, UEFA EURO 2008 »Tschechien«
21090	ES 64 U4-A	2006		13.04.2006	1216 002-6II	A-ÖBB		
21088	ES 64 U4-B	2004			1216 003-4I	A-ÖBB		
	ES 64 U4-B			U _.02.2006	1216 141-2	A-ÖBB		»ÖAMTC«
21091	ES 64 U4-A	2006		26.07.2006	1216 003-4II	A-ÖBB		
21092	ES 64 U4-A	2006		14.06.2006	1216 004-2	A-ÖBB		UEFA EURO 2008 »Italien«
21093	ES 64 U4-A	2006		19.05.2006	1216 005-9	A-ÖBB		
21094	ES 64 U4-A	2006		22.06.2006	1216 006-7	A-ÖBB		
21095	ES 64 U4-A	2006		03.07.2006	1216 007-5	A-ÖBB		»www.öbb-italia.com«
21096	ES 64 U4-A	2006		24.07.2006	1216 008-3	A-ÖBB		
21097	ES 64 U4-A	2006		__.__.2006	1216 009-1	A-ÖBB		»Micotra«
21098	ES 64 U4-A	2006		27.09.2006	1216 010-9	A-ÖBB		
	ES 64 U4-C			U 09.02.2009	1216 210-9	A-ÖBB		»Kapsch«
21124	ES 64 U4-A	2007		__.__.2007	1216 011-7	A-ÖBB		»www.öbb-italia.com«
21125	ES 64 U4-A	2007		__.__.2007	1216 012-5	A-ÖBB		»www.öbb-italia.com«
21126	ES 64 U4-A	2007		__.__.2007	1216 013-3	A-ÖBB		»www.öbb-italia.com«
21127	ES 64 U4-A	2007		__.__.2007	1216 014-1	A-ÖBB		RailJet, »www.öbb-italia.com«
21128	ES 64 U4-A	2007		__.__.2007	1216 015-8	A-ÖBB		»www.öbb-italia.com«
21129	ES 64 U4-A	2007		__.__.2007	1216 016-6	A-ÖBB		NightJet, »www.öbb-italia.com«
21131	ES 64 U4-A	2007		__.__.2007	1216 017-4	A-ÖBB		RailJet, »www.öbb-italia.com«
21133	ES 64 U4-A	2007		__.__.2007	1216 018-2	A-ÖBB		RailJet, »www.öbb-italia.com«
21135	ES 64 U4-A	2007		__.__.2007	1216 019-0	A-ÖBB		RailJet, »Wagner – Verdi«, »Achenseeschiffahrt«, »Leonardo Da Vinci Lok«
21523	ES 64 U4-A	2007		__.__.2008	1216 020-8	A-ÖBB		RailJet, »175 Jahre Eisenbahn für Österreich«, »310.23«
21524	ES 64 U4-A	2007		__.__.2008	1216 021-6	A-ÖBB		
21525	ES 64 U4-A	2007		__.__.2008	1216 022-4	A-ÖBB		» Arena di Verona – Opera Festival«
21526	ES 64 U4-A	2007		__.__.2008	1216 023-2	A-ÖBB		
21527	ES 64 U4-A	2007		__.__.2008	1216 024-0	A-ÖBB		
21136	ES 64 U4	2006		02.05.2006	1216 050-5			»Vmax 357 km/h«
	ES 64 U4			U 21.05.2008	1216 025-7	A-ÖBB		»world record Lok 357 km/h«
21114	ES 64 U4-B	2007		16.05.2007	1216 142-0	A-ÖBB		
21115	ES 64 U4-B	2007		23.05.2007	1216 143-8	A-ÖBB		
21116	ES 64 U4-B	2007		04.05.2007	1216 144-6	A-ÖBB		
21117	ES 64 U4-B	2007		16.05.2007	1216 145-3	A-ÖBB		
21118	ES 64 U4-B	2007		24.05.2007	1216 146-1	A-ÖBB		
21119	ES 64 U4-B	2007		06.06.2007	1216 147-9	A-ÖBB		
21120	ES 64 U4-B	2007		__.__.2007	1216 148-7	A-ÖBB		
21121	ES 64 U4-B	2007		__.__.2007	1216 149-5	A-ÖBB		RailJet, České dráhy
21122	ES 64 U4-B	2007		__.__.2007	1216 150-3	A-ÖBB		RailJet, České dráhy

Fab-Nr	Typ	Bau-jahr	Liefer-datum	Abnahme	Tfz-Nr	Eigen-tümer	Zulassung	Besonderheit
21099	ES 64 U4-C	2006		11.09.2006	1216 227-9	A-ÖBB		
	ES 64 U4-B			U _.04.2007	1216 127-1	A-ÖBB		
	ES 64 U4-C			U 23.12.2010	1216 227-9	A-ÖBB		
21100	ES 64 U4-C	2006		__.__.2006	1216 228-7	A-ÖBB		
	ES 64 U4-B			U 01.07.2007	1216 128-9	A-ÖBB		
	ES 64 U4-C				1216 228-7	A-ÖBB		»Rail Cargo Carrier«
21101	ES 64 U4-C	2006		16.10.2006	1216 229-5	A-ÖBB		
	ES 64 U4-B			U _.04.2007	1216 129-7	A-ÖBB		
	ES 64 U4-C				1216 229-5	A-ÖBB		RailJet »Spirit of Praha«
21102	ES 64 U4-C	2006		__.__.2006	1216 230-3	A-ÖBB		
	ES 64 U4-B			U _.04.2007	1216 130-5	A-ÖBB		
	ES 64 U4-C				1216 230-3	A-ÖBB		RailJet
21103	ES 64 U4-C	2006		__.__.2006	1216 231-1	A-ÖBB		
	ES 64 U4-B			U _.04.2007	1216 131-3	A-ÖBB		
	ES 64 U4-C			U 09.08.2012	1216 231-1	A-ÖBB		RailJet
21104	ES 64 U4-C	2006		22.12.2006	1216 232-9	A-ÖBB		
	ES 64 U4-A			U 01.04.2007	1216 032-3	A-ÖBB		»Micotra«
	ES 64 U4-C			22.12.2006	1216 232-9	A-ÖBB		
21105	ES 64 U4-C	2006		18.12.2006	1216 233-7	A-ÖBB		RailJet, České dráhy
21106	ES 64 U4-C	2006		__.__.2007	1216 234-5	A-ÖBB		RailJet, České dráhy
21107	ES 64 U4-C	2006		22.01.2007	1216 235-2	A-ÖBB		RailJet, České dráhy
21108	ES 64 U4-C	2006		05.02.2007	1216 236-0	A-ÖBB		RailJet, České dráhy
21109	ES 64 U4-C	2006		19.02.2007	1216 237-8	A-ÖBB		RailJet, České dráhy
21110	ES 64 U4-C	2006		26.02.2007	1216 238-6	A-ÖBB		
21111	ES 64 U4-C	2006		12.03.2007	1216 239-4	A-ÖBB		RailJet
21112	ES 64 U4-C	2007		19.03.2007	1216 240-2	A-ÖBB		RailJet
21604	ES 64 U4-A	2008		20.02.2010	1216 301-0	I-FUC		
				U__.__2011	190 301-8	I-FUC		
21113	ES 64 U4-C	2006		02.04.2007	1216 901-9			
21123	ES 64 U4-B3	2006		16.07.2007	1216 902-7	A-CD		
21651	ES 64 U4-C	2010		10.04.2011	1216 903-5	A-CD	D, A, H	
21528	ES 64 U4-B3	2008		U__.__.2008	1216 910-0	A-LTE		
	ES 64 U4-C							
21529	ES 64 U4-B6	2008		09.06.2008	1216 920-9	A-GKB		
	ES 64 U4-B3			U	1216 920-9	A-LTE		
21530	ES 64 U4-B6	2008		30.06.2008	1216 921-7	A-GKB		
	ES 64 U4-B3			U	1216 921-7	A-LTE		
21531	ES 64 U4-B6	2008		28.07.2008	1216 922-5	A-GKB		
	ES 64 U4-B3			U	1216 922-5	A-LTE		
21316	ES 64 U4-G	2008		27.10.2008	1216 930-8	A-CSV	A, D	
	ES 64 U4-B9							

Fab-Nr	Typ	Baujahr	Lieferdatum	Abnahme	Tfz-Nr	Eigentümer	Zulassung	Besonderheit
21317	ES 64 U4-G ES 64 U4-B9	2008		03.11.2008	1216 931-4	A-CARGO	A, D	
21318	ES 64 U4-G	2008		09.12.2008	1216 940-7	A-DPB		SLB 91
21320	ES 64 U4-G	2009		26.01.2009	1216 950-6	A-WLC	A, D	
21414	ES 64 U4-C3	2010		10.06.2011	1216 953-0	A-CD	D,A, CZ, SK	České dráhy
21415	ES 64 U4	2010		15.09.2011	1216 954-8	A-CD		»Hödlmayr«, České dráhy
20789	ES 64 U2-V4	2002		22.03.2002 U 10.2011	1047 001-1 470 001-3	H-MAVTR	H, A, D	»Freedom First 1956-2016 (zwei unterschiedliche Seiten)«
20790	ES 64 U2-V4	2002		04.07.2002 U 10.2011	1047 002-9 470 002-1	H-MAVTR	H, A, D	»Fina World Championships«, »European green deal«
20791	ES 64 U2-V4	2002		29.07.2002 U 10.2011	1047 003-7 470 003-9	H-MAVTR	H, A, D	»Ungarisch-Deutsche Freundschaft (éves magyar-német barátság emlékmozdony)«
20792	ES 64 U2-V4	2002		28.08.2002 U 10.2011	1047 004-5 470 004-7	H-MAVTR	H, A, D	»Elsö Sorban/Opera 2015/2016«, »Universität Pécs«
20793	ES 64 U2-V4	2002		30.08.2002 U 10.2011	1047 005-2 470 005-4	H-MAVTR	H, A, D	»Ferencvárosi Torna Club«, »Planet Budapest 2021«
20794	ES 64 U2-V4	2002		30.09.2002 U 10.2011	1047 006-0 470 006-2	H-MAVTR	H, A, D	»150 Eves a MAV«, »Semmelweis Universität«
20795	ES 64 U2-V4	2002		17.10.2002 U 10.2011	1047 007-8 470 007-0	H-MAVTR	H, A, D	»Int. Eucharistic Congress 2020«
20796	ES 64 U2-V4	2002		17.10.2002 U 10.2011	1047 008-6 470 008-8	H-MAVTR	H, A, D	
20797	ES 64 U2-V4	2002		07.11.2002 U 10.2011	1047 009-4 470 009-6	H-MAVTR	H, A, D	
20798	ES 64 U2-V4	2002		28.11.2002 U 10.2011	1047 010-2 470 010-4	H-MAVTR	H, A, D	»Aranycsapat«
20799	ES 64 U2-V5	2002		18.04.2002 U 10.2011	1047 501-0 470 501-7	H-GYSEV	H, A, D	»Sisi«
20800	ES 64 U2-V5	2002		15.07.2002 U 10.2011	1047 502-8 470 502-5	H-GYSEV	H, A, D	
20801	ES 64 U2-V5	2002		20.09.2002 U 10.2011	1047 503-6 470 503-3	H-GYSEV	H, A, D	»Franz Liszt/Liszt Frenec« »Richard Wagner«
20802	ES 64 U2-V5	2002		08.11.2002 U 10.2011	1047 504-4 470 504-1	H-GYSEV	H, A, D	»Franz Joseph Haydn«, »Raaberbahn« »140 Jahre GySEV«
20803	ES 64 U2-V5	2002		27.11.2002 U 10.2011	1047 505-1 470 505-8	H-GYSEV	H, A, D	»István Széchenyi« »Paneuropai piknik«, »Civitas Fidelissima«
21160	ES 64 U4-B2	2006		__.__.2006	541 001-8			»Alpenkonvention«, »Bayerisch-österreichische Landesausstellung 2012«, »Manner«, »Scotch«
21163	ES 64 U4-B2	2006		__.__.2006	541 002-2			»innofreight«

Fab-Nr	Typ	Bau-jahr	Liefer-datum	Abnahme	Tfz-Nr	Eigen-tümer	Zulassung	Besonderheit
21162	ES 64 U4-B2 ES 64 U4-B2	2006 2006		__.__.2006 __.__.2006	541 003-4 541 004-2			
21164	ES 64 U4-B2	2006		12.10.2006	541 005-9			
21165	ES 64 U4-B2	2006		__.10.2006	541 006-7			
21161	ES 64 U4-B2	2006		__.__.2006	541 006-6			
21166	ES 64 U4-B2	2006		__.11.2006	541 007-5			
21167	ES 64 U4-B2	2006		__.11.2006	541 008-3			
21168	ES 64 U4-B2	2006		__.11.2006	541 009-1			
21169	ES 64 U4-B2	2006		__.11.2006	541 010-9			
21465	ES 64 U4-B2	2009		05.04.2009	541 011-7			
21466	ES 64 U4-B2	2009		__.__.2009	541 012-5			
21467	ES 64 U4-B2	2009		__.__.2009	541 013-3			»Almdudler«
21468	ES 64 U4-B2	2009		__.__.2009	541 014-1			
21469	ES 64 U4-B2	2009		__.__.2009	541 015-8			
21470	ES 64 U4-B2	2009		__.__.2009	541 016-6			»RailAdvertising«
21471	ES 64 U4-B2	2009		__.__.2009	541 017-4			
21602	ES 64 U4-B2	2009		__.__.2009	541 018-2			
21603	ES 64 U4-B2	2009		__.__.2009	541 019-0			
21607	ES 64 U4-B2	2009		__.__.2009	541 020-8			
21412	ES 64 U4-B2	2009		__.__.2009	541 021-6			
21413	ES 64 U4-B2	2009		__.__.2009	541 022-4			
21159	ES 64 U4-F	2005		__.10.2005	541 101-6			»Swarovski«, »Coca Cola«
21170	ES 64 U4-F	2006		__.12.2006	541 102-4			
21171	ES 64 U4-F	2006		__.01.2007	541 103-2			
21172	ES 64 U4-F	2006		__.01.2007	541 104-0			»Mammut«, »Adria Combi«
21173	ES 64 U4-F	2006		__.02.2007	541 105-7			
21174	ES 64 U4-F	2006		__.02.2007	541 106-5			
21175	ES 64 U4-F	2007		__.03.2007	541 107-3			
21176	ES 64 U4-F	2007		__.04.2007	541 108-1			
21177	ES 64 U4-F	2007		__.04.2007	541 109-9			
21178	ES 64 U4-F	2007		__.05.2007	541 110-7			
21314	ES 64 U4-D ES 64 U4-D	2008 2008		17.11.2008 U _.2009	183 601-4 370 001-7	D-STSLM PL-PKPIC		 »UEFA EURO 2012 – Poland«, »Open'er Festival 2014«, »T-Mobile Wi-Fi«, »T-Mobile – SuperNet«, »Poland 1918-2018«
21319	ES 64 U4-D ES 64 U4-D	2008 2008		22.12.2008 U __.__.2009	183 602-2 370 002-5	D-STSLM PL-PKPIC		 »UEFA EURO 2012 – Russia«, »T-Mobile – Huawei P9«, »T-Mobile – Electronic Beats«
21662	ES 64 U4-D ES 64 U4-D	2009 2009		14.12.2009 U _._.2010	183 603-0 370 003-3	D-STSLM PL-PKPIC		 UEFA EURO 2012 »Dänemark«, »T-Mobile – Supernet«
21663	ES 64 U4-D ES 64 U4-D	2009 2009		21.12.2009 U _._2010	183 604-8 370 004-1	D-STSLM PL-PKPIC		 UEFA EURO 2012 »Ukraine«, »T-Mobile – Supernet«

Fab-Nr	Typ	Bau-jahr	Liefer-datum	Abnahme	Tfz-Nr	Eigen-tümer	Zulassung	Besonderheit
21664	ES 64 U4-D ES 64 U4-D	2009 2009		01.02.2010 U _.07.2010	183 605-5 370 005-8	D-STSLM PL-PKPIC		UEFA EURO 2012 »Deutschland«, »T-Mobile – Supernet«, »Poland 1918-2018«
21665	ES 64 U4-D ES 64 U4-D	2009 2009		13.03.2010 U _.07.2010	183 606-3 370 006-6	D-STSLM PL-PKPIC		UEFA EURO 2012 »Tsjechien«, »"T-Mobile – Wi-Fi«, »T-Mobile – Galaxy S9«, »T-Mobile – Napedza Nas«, »Poland 1918-2018«
21666	ES 64 U4-D	2010		22.03.2010	370 007-4	PL-PKPIC		UEFA EURO 2012 »Stadion Narodowy«, T-Mobile – Wi-Fi«, »T-Mobile – Electronic Beats«
21667	ES 64 U4-D	2009		19.04.2010	370 008-2	PL-PKPIC		UEFA EURO 2012 »Stadion Wroclaw«, »Open'er Festival 2014«, »T-Mobile – Supernet«
21668	ES 64 U4-D	2009		17.05.2010	370 009-0	PL-PKPIC		UEFA EURO 2012 »PGE Arena Gdansk«, »Open'er Festival 2014«, »T-mobile – Supernet«
21669	ES 64 U4-D	2009		14.06.2012	370 010-8	PL-PKPIC		UEFA EURO 2012 »Stadion Miejski Poznaniu«, «Open'er Festival 2014«, »T-Mobile – Wi-Fi«, »T-Mobile – Galaxy S7 Edge«, »T-Mobile – Napedza Nas«
21604	ES 64 U4-A	2008		20.02.2010 U__.__2011	1216 301-0 190 301-8	I-FUC I-FUC		
21463	ES 64 U4-A	2010		20.04.2011	190 302-6	I-FUC		
21462	ES 64 U4-A	2008		__.03.2011	190 311-7	I-RADVE		
21464	ES 64 U4-A	2010		__.__.2011	190 312-5	I-INR		
21678	ES 64 U4-A	2011		22.05.2012	190 313-3	I-FM		
21679	ES 64 U4-A	2011		04.05.2012	190 314-1	I-INR		
21673	ES 64 U4-A	2011		__.__.2011	190 321-6	I-CFI		
21674	ES 64 U4-A	2011		__.__.2012	190 322-4	I-CFI		

Am Schluss des Buchs zeigt sich mit der 1116 170 eine recht farbenfrohe Maschine. Sie zieht am 13. August 2015 den EC 112 von Stuttgart nach München durch Stuttgart-Obertürkheim. | *Foto: M. Dostal*

WEITERE INTERESSANTE BÜCHER ZUM THEMA

Die Entwicklung der Elektrolok der Baureihe 120 löste eine Revolution in der Antriebstechnik aus: Von nun nutzten neue Elektroloks fast ausschließlich die Drehstrom-Antriebstechnik. Karl-Gerhard Haas berichtet über Entwicklung, Bau und Geschichte Baureihe 120.

176 Seiten, 300 Abbildungen,
Format 230 x 265 mm
ISBN 978-3-613-71616-2
€ 29,90 / € (A) 30,80

Marc Dahlbeck hat alle wichtigen Informationen zum InterCity-Express, dem Stolz der DB AG, gesammelt. Seine Erfolgsgeschichte begann 1985 mit dem ICE-Experimental. Mittlerweile ist dem ICE-4 das jüngste Mitglied der Familie im Einsatz, die mit dem ICE-3neo weiter wachsen wird.

144 Seiten, 150 Abbildungen,
Format 230 x 265 mm
ISBN 978-3-613-71659-9
€ 24,90 / € (A) 25,60

Kaum ein Lokomotivtyp ist so populär wie die Schweizer Krokodile. Ab 1920 bestimmten sie während mehrerer Jahrzehnte maßgeblich das Traktionsgeschehen am Gotthard.

128 Seiten, 157 Abbildungen,
Format 170 x 210 mm
ISBN 978-3-613-71482-3
€ 14,95 / € (A) 15,40

Dieser Band beschreibt alle bis 1992 in Deutschland gebauten Elloktypen. In chronologischer Reihenfolge werden Einzelgänger wie Einheitslokomotiven in ihren konstruktiven Merkmalen vorgestellt.

415 Seiten, 361 Abbildungen,
Format 195 x 215 mm
ISBN 978-3-613-71695-7
€ 59,- / € (A) 60,70

Leseproben zu allen Titeln auf unserer Internetseite

trans press

Stand Januar 2024
Änderungen in Preis und Lieferfähigkeit vorbehalten.

Überall, wo es Bücher gibt, oder unter
WWW.MOTORBUCH-VERSAND.DE
Service-Hotline: 0711 / 78 99 21 51

www.facebook.com/MotorbuchVerlag